全国职业技术院校工程机械运用与维修专业教材

工程机械（挖掘机）操作与维护

人力资源和社会保障部教材办公室组织编写

中国劳动社会保障出版社

简介

本书主要内容有挖掘机基础知识、挖掘机操作、挖掘机维护。

本书由蒋炜主编，汪超副主编，钱锦秀、黄炜、李樾、李颜、郑佳、钱琳琳参加编写。

图书在版编目（CIP）数据

工程机械（挖掘机）操作与维护 / 蒋炜主编. —北京：中国劳动社会保障出版社，2017
全国职业技术院校工程机械运用与维修专业教材
ISBN 978-7-5167-3063-8

Ⅰ.①工… Ⅱ.①蒋… Ⅲ.①挖掘机-操作-职业教育-教材②挖掘机-机械维修-职业教育-教材 Ⅳ.①TU621

中国版本图书馆CIP数据核字（2017）第157095号

中国劳动社会保障出版社出版发行

（北京市惠新东街1号 邮政编码：100029）

*

三河市潮河印业有限公司印刷装订 新华书店经销

787毫米×1092毫米 16开本 12.5印张 4插页 264千字

2017年7月第1版 2025年6月第6次印刷

定价：24.00元

营销中心电话：400-606-6496

出版社网址：http://www.class.com.cn

http://jg.class.com.cn

前　言

为了更好地适应全国职业技术院校工程机械运用与维修专业的教学要求，全面提升教学质量，人力资源和社会保障部教材办公室组织有关学校的骨干教师、行业和企业专家，依据《技工院校工程机械运用与维修专业教学计划和教学大纲（2016）》，在充分调研企业生产和学校教学情况，并吸收和借鉴各地职业技术院校教学改革成功经验的基础上，编写了本套专业教材。

教材体系

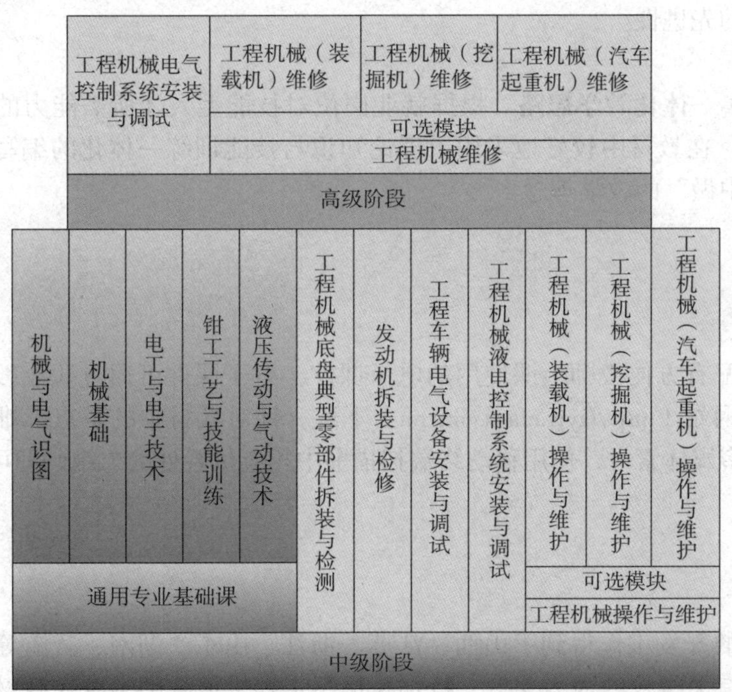

注：通用专业基础课可从机械类、电类通用教材中选用。

适用对象

工程机械运用与维修专业中级、高级两个层次和以下3种学制：

- 初中毕业生3年学制培养中级工
- 高中毕业生3年学制培养高级工
- 初中毕业生5年学制培养高级工

编写特色

■ **体现国家标准要求** 以国家职业标准为依据，涵盖相关国家职业标准（中级、高级）的知识和技能要求；以最新的国家技术标准为参照，使教材更加科学和规范。

■ **体现企业需求** 广泛听取包括徐州工程机械集团有限公司等知名企业专家意见，根据企业岗位和教学实践的需求，确定学生应具备的能力与知识结构，并注重教材内容的深度、广度与实际需求相匹配。

■ **体现行业技术发展** 根据工程机械相关领域技术的最新发展，确定新知识、新技术、新设备、新材料等方面的内容，如挖掘机中斗杆和动臂的回转优先与合流控制技术、汽车起重机中的双变量新型节能液压系统、压路机中的基于 CAN-BUS 总线通信系统技术等，保证教材的先进性。

■ **体现理实一体化教学思路** 根据就业岗位对技能型人才所需能力的要求，加强实践性教学内容，在教材中较好地采用了理论知识与技能训练一体化的编写模式，以体现“做中学”“学中做”的教学理念。

教学服务

本套教材配有方便教师上课使用的电子课件，电子课件可通过职业教育教学资源和数字学习中心网站（http://zyjy.class.com.cn）下载。针对教材中的重点、难点，还制作了动画、视频等多媒体素材，使用移动终端扫描书中相应位置处的二维码即可在线观看。

致谢

本次教材的开发工作得到了山西、江苏、浙江、山东、湖南、云南等省人力资源和社会保障厅及有关学校的大力支持，特别是徐州工程机械技师学院在教材编写中做了大量的工作，在此我们表示诚挚的谢意。

人力资源和社会保障部教材办公室

2017 年 4 月

目　录

模块一　挖掘机基础知识 …………………………………………1

课题 1　挖掘机概述………………………………………………2

课题 2　挖掘机构造原理…………………………………… 14

模块二　挖掘机操作 …………………………………………… 35

课题 1　挖掘机操作前的准备…………………………… 36

课题 2　挖掘机仪表及辅助功能的操作……………… 54

课题 3　挖掘机的基本操作……………………………… 73

课题 4　挖掘机的驾驶操作………………………………122

课题 5　挖掘机的作业操作………………………………137

模块三　挖掘机维护 ……………………………………………153

课题 1　挖掘机定期保养维护……………………………154

课题 2　挖掘机定期检查维护……………………………172

课题 3　挖掘机简单故障的处理…………………………188

附录 ……………………………………………………………… 插页

附录 1　液压原理图……………………………………… 插页

附录 2　电气原理图……………………………………… 插页

模块一 挖掘机基础知识

课题 1　挖掘机概述

学习目标

1. 熟悉挖掘机的功用及分类、型号、性能参数、规格尺寸。
2. 明确挖掘机的产品型号及命名规则。
3. 明确挖掘机的基本术语及主要参数。

一、挖掘机简介

挖掘机是用来开挖土壤的施工机械。它是用铲斗的斗齿切削土壤并装入斗内，装满土后提升铲斗并回转到卸土地点卸土，然后再使转台回转、铲斗下降到挖掘面，进行下一次挖掘。挖掘机在采矿、筑路、水利、电力、建筑、石油、天然气管道铺设和军事工程中被广泛应用。据统计，工程施工中约 60% 的土石方量是靠挖掘机完成的。挖掘机更换工作装置后，还可以从事破碎、浇筑、起重、安装、打桩、夯土和拔桩等作业。

挖掘机主要由动力系统、工作装置、回转机构、行走机构、液压系统、电气系统、辅件等组成，如图 1—1—1 所示。

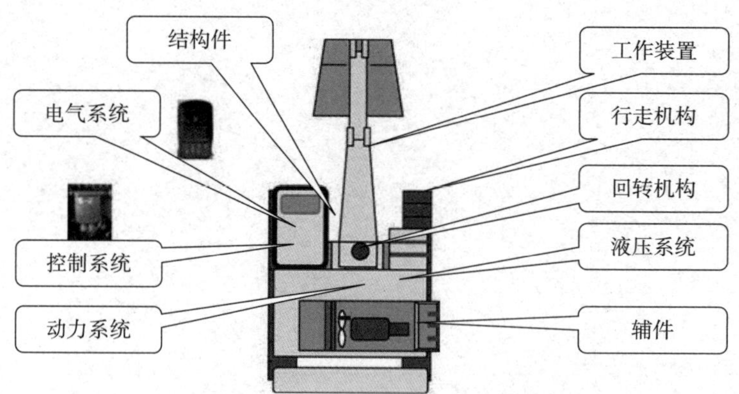

图 1—1—1　挖掘机主要结构组成

二、挖掘机的分类、作用及挖掘方式

1. 挖掘机的分类

（1）按作业过程分

按作业过程不同，挖掘机可以分为周期作业式挖掘机和连续作业式挖掘机。

1）周期作业式挖掘机。凡是挖掘、运载、卸载等作业依次重复循环进行的挖掘机为周期作业式，各种单斗挖掘机都属于周期作业式。

2）连续作业式挖掘机。凡是上述作业同时连续进行的挖掘机为连续作业式，各种多斗挖掘机以及滚切式挖掘机、隧洞掘进机都属于连续作业式。

（2）按用途分

按用途不同，挖掘机可以分为通用型挖掘机和专用型挖掘机。

1）通用型挖掘机。通用型挖掘机又称建筑型或万能式，可更换反铲、正铲、抓斗、装载、起重等多种工作装置，以适用于各种土建工程的施工。

2）专用型挖掘机。专用型挖掘机通常是大中型的，有采矿型、剥离型和隧洞掘进机等，只配有正铲或装载工作装置，适用于矿山、隧道、深井等挖掘、装载作业。

（3）按传动方式分

按传动方式不同，挖掘机可以分为机械传动式挖掘机和液压传动式挖掘机。

1）机械传动式挖掘机。机械传动式挖掘机采用啮合传动和摩擦传动装置来传递动力，这些装置由齿轮、链条、链轮、钢索、滑轮组等零件组成。

2）液压传动式挖掘机。液压传动式挖掘机采用液压传动来传递动力，它由油泵、液压缸、控制阀及油管等液压元件组成。

（4）按行走装置分

按行走装置不同，挖掘机可以分为履带式挖掘机和轮胎式挖掘机。

1）履带式挖掘机。履带式挖掘机因有良好的通过性能，应用最广，对松软地面或沼泽地带还可以采用加宽、加长以及浮式履带来降低接地比压（图 1—1—2 和图 1—1—3）。

2）轮胎式挖掘机。轮胎式挖掘机具有行走速度快、机动性好、可在城市道路通行等特点，故近年来在中、小型液压挖掘机中发展较快（图 1—1—4）。

（5）按工作装置形式分

按工作装置形式不同，挖掘机可以分为单斗挖掘机和多斗挖掘机。

图 1—1—2　履带式正铲挖掘机

图 1—1—3　履带式反铲挖掘机

图 1—1—4 轮胎式挖掘机

1）单斗挖掘机。单斗挖掘机工作装置的形式很多，常用的基本形式有机械传动和液压传动等。机械传动的挖掘机有正铲、反铲、拉铲、抓斗和起重、吊钩等工作装置。液压传动的挖掘机有反铲、正铲、抓斗、装载和起重装置等。

2）多斗挖掘机。多斗挖掘机主要按照工作装置的工作原理和构造特征分为链斗式和轮斗式、滚切和铣切式。多斗挖掘机工作装置的运动平面和挖掘机运行方向相一致或相垂直，方向一致者为纵向挖掘，方向相垂直者为横向挖掘。

（6）按回转部分转角分

按回转部分转角不同，挖掘机可以分为全回转式挖掘机和半回转式挖掘机。

1）全回转式挖掘机。大部分液压挖掘机为全回转式。

2）半回转式挖掘机。小型液压挖掘机如悬挂式等工作装置仅能做 180° 左右的回转，为半回转式。

（7）按整机质量、总功率、铲斗容量分

按照整机质量、总功率、铲斗容量不同，挖掘机可以分为小型、中型、大型、超大型等各种级别。

本书所涉及的挖掘机为液压、履带式、单斗、反铲、全回转、通用型挖掘机，简称挖掘机。本书主要是以徐工 XE 系列 20 t 中型挖掘机为主要介绍对象。

2. 挖掘机的主要工作

（1）挖掘工作

适合挖掘比机器低的位置，如图 1—1—5 所示。当铲斗液压缸和连杆及斗杆液压缸和斗杆之间的角度成 90° 时，可获得由各液压缸产生的最大推力。挖掘时有效地采用该角度可获得最佳工作效率。

斗杆的挖掘范围是从离开机器 45° 角到朝向机器 30° 角，根据挖掘深度的变化，斗杆的挖掘范围会有些不同，如图 1—1—5 所示。

（2）挖沟工作

安装与挖掘作业相匹配的铲斗，并使履带与要挖沟的边线平行，可高效地进行挖沟作业。要挖宽沟时，先挖出两侧，最后挖去中间部分（图1—1—6）。

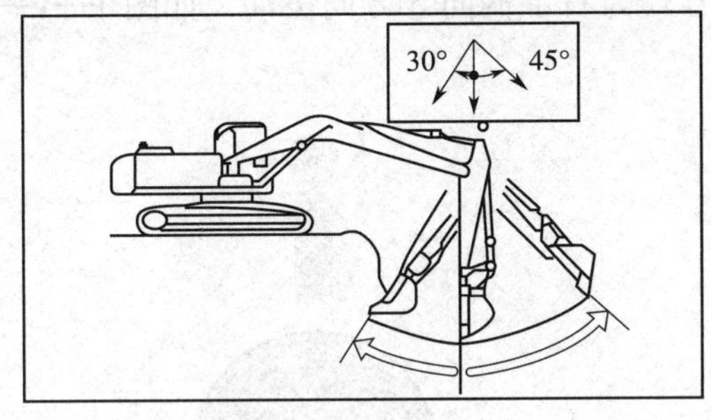

图1—1—5　挖掘范围

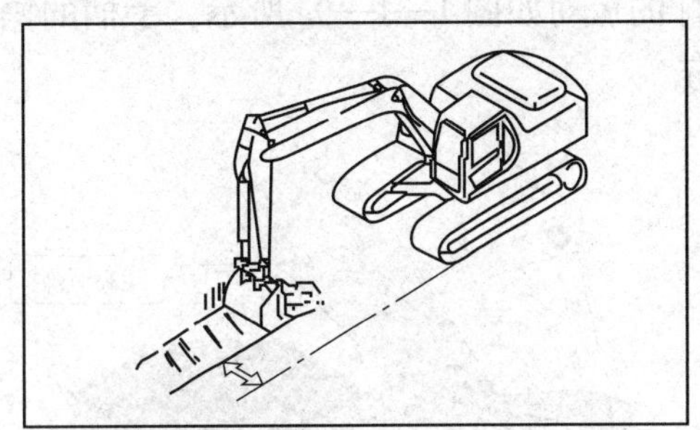

图1—1—6　挖沟工作

（3）装载工作

在回转角度较小的地方装载作业，让自卸卡车停在挖掘机操作者容易看到的地方，可提高工作效率。若从自卸卡车车体前面开始装，比从侧面开始装更方便且装载量更大，如图1—1—7所示。

（4）平整工作

当需要进行平整作业时，如图1—1—8所示，略前于垂直位置放置斗杆，并使铲斗转向后方，缓慢升高动臂的同时，操作斗杆收回功能，一旦斗杆移过垂直位置，便缓慢地降低动臂，使铲斗保持稳定的平面运动。同时操作动臂、斗杆和铲斗，可使平整作业操作更加精确。

图1—1—7　装载工作

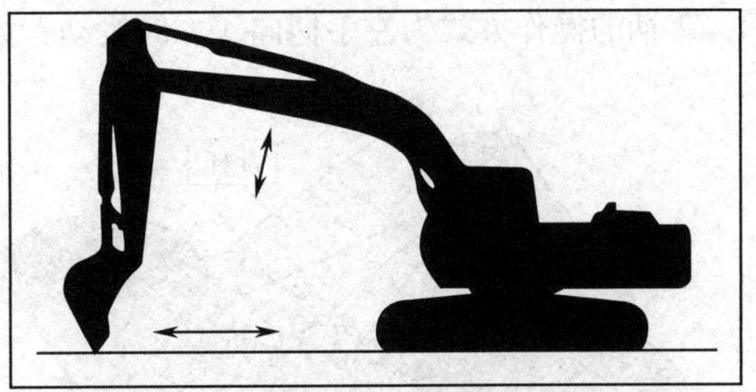

图1—1—8　平整工作

（5）其他工作

通过选装破碎装置可进行破碎作业。

3. 挖掘机的挖掘方式

挖掘机在进行挖掘工作时，可以分为三种挖掘方式，分别为仅用铲斗挖掘方式、仅用斗杆挖掘方式、铲斗与斗杆复合挖掘方式。

（1）仅用铲斗挖掘

此种挖掘方式适合挖掘松土、少量取土、取土面积较小及挖掘力较小的地方。铲斗与斗杆的运动如图 1—1—9a 所示，手柄的操作方式为右手柄向⑤方向拨动，如图 1—1—9b 所示。

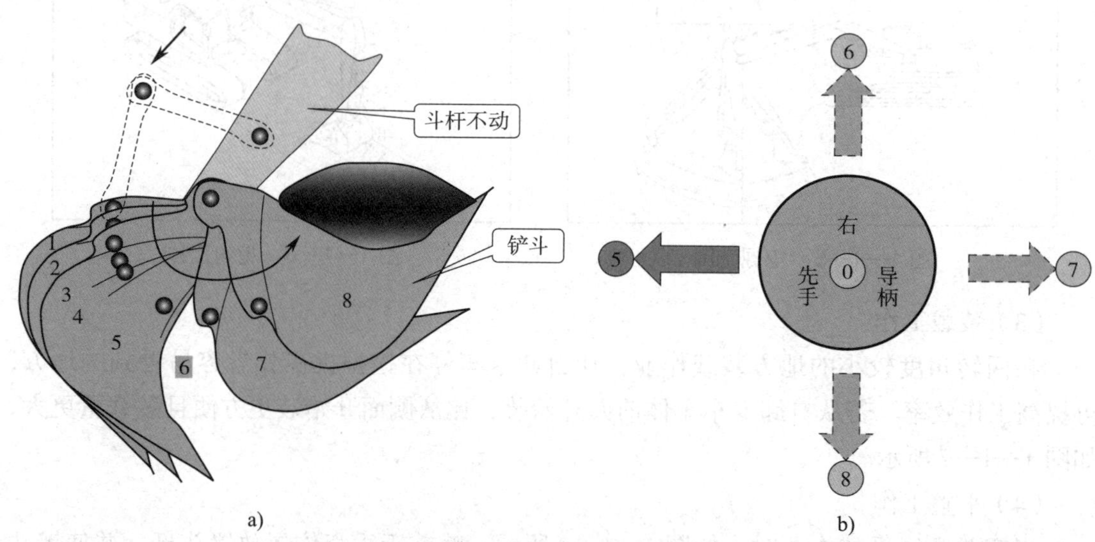

图 1—1—9 仅用铲斗挖掘方式
a）铲斗与斗杆的运动 b）手柄的操作方式

（2）仅用斗杆挖掘

此种挖掘方式挖掘力较大，挖掘范围也较大。铲斗与斗杆的运动如图 1—1—10a 所示，手柄的操作方式为左手柄向④方向拨动，如图 1—1—10b 所示。

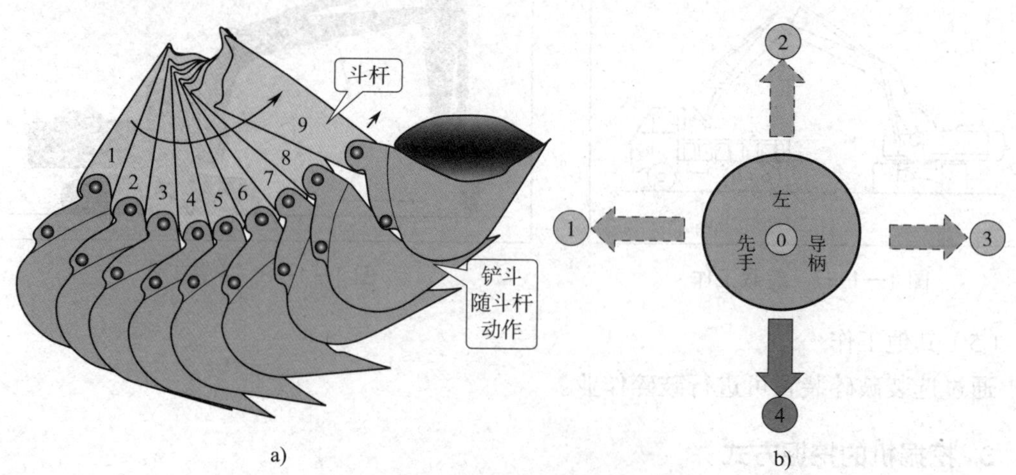

图 1—1—10 仅用斗杆挖掘方式
a）铲斗与斗杆的运动 b）手柄的操作方式

（3）铲斗与斗杆复合挖掘

此种挖掘方式挖掘力大，挖掘范围也大。铲斗与斗杆的运动如图1—1—11a所示，手柄的操作方式为左手柄向④方向拨动，右手柄向⑤方向同步拨动，如图1—1—11b所示。

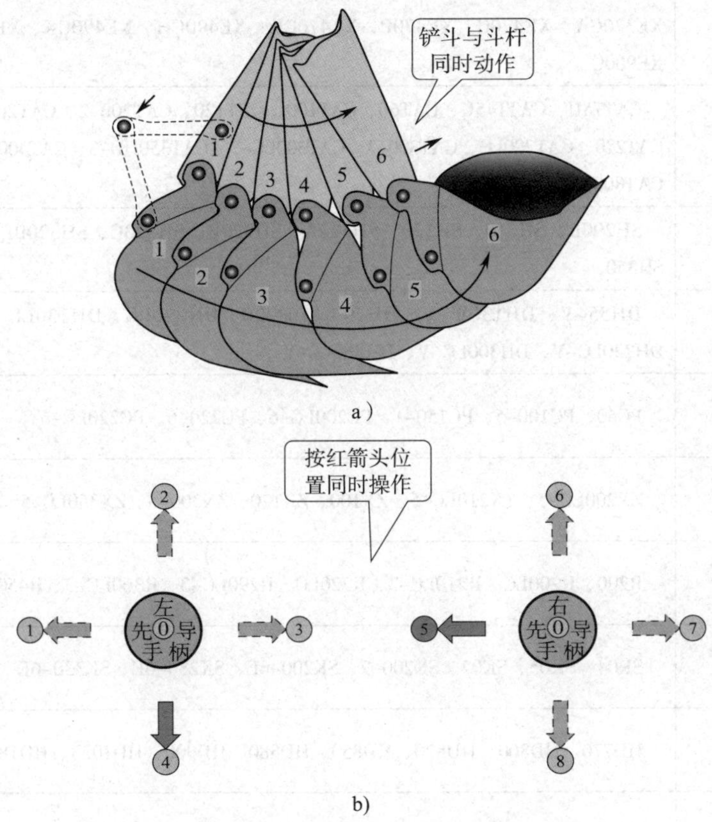

图1—1—11　铲斗与斗杆复合挖掘

a）铲斗与斗杆的运动　b）手柄的操作方式

铲斗与斗杆复合挖掘在操作中的注意要点如下：

1）将斗杆置于与地面成70°角的位置。

2）将铲斗侧刃放置到与地面成120°角，铲斗此时可发挥最大的破碎力。

3）向驾驶室方向移动斗杆并保持铲斗与地面平行。

三、挖掘机的产品型号及命名规则

1. 挖掘机的产品型号

我国常见挖掘机型号见表1—1—1。

表 1—1—1　　我国常见挖掘机型号

徐工集团 XCMG	XE15、XE40、XE60D、XE60W、XE60CA、XE65CA、XE75D、XE80C、XE85C、XE135B、XE135D、XE150W、XE200C、XE210F、XE210W、XE215S、XE215CA、XE215CLL、XE225CA、XE230、XE235C、XE265C、XE260CLL、XE335C、XE335CKD、XE370CA、XE470C、XE470P、XE470CK、XE490CH、XE490CK、XE500CA、XE700C、XE900C
徐州卡特彼勒（美国） CATERPILLAR	CAT75U、CAT145U、CAT60、CAT100、CAT120、CAT200-2、CAT200-3G、CAT200-3、CAT220、CAT220LC、CAT300-3、CAT300LC-3、CAT350HD-3、CAT400-3、CAT450HD-3、CAT800HD
日本住友 SUMITOMO	SH200B、SH240、SH320、SH320A、SH320B、SH320C、SH320BL、SH325、SH330、SH350
烟台大宇（韩国） DAEWOO	DH55-V、DH130W-V、DH200、DH220、DH220LC、DH130LC-V、DH258LC-V、DH220LC-V、DH300LC-V、DH360LC-V
济宁小松（日本） KOMATSU	PC60、PC100-5、PC150-1、PC200LC-6、PC220-6、PC220LC-6
合肥日立（日本） HITACHI	ZX200LC-5、ZX210LC-5、ZX100、ZX120、ZX300-3、ZX350LC-5
常州现代（韩国） HYUNDAI	R200、R200LC、R210LC-3、R220LC、R290LC-3、R360LC-3、R450LC-3
成都神钢（日本） KOBELCO	SK04、SK05、SK07、SK200-2、SK200-6E、SK230-6E、SK330-6E
加藤（日本） KATO	HD770、HD800、HD820、HD850、HD880、HD900、HD1023、HD1800、HD1880
沃尔沃（瑞典） VOLVO	EC35、EC45、EC55、EC140B、EC210B、EC240B、EC290B、EC360B、EC460B
利勃海尔（德国） LIEBHERR	R308、R310B、R312
贵州詹阳 JONYANG	JY200-3、JY220、JY500、JY320-2
广西柳工 LIUGONG	CLG60、CLG200-3、CLG230、CLG300
三一重工 SANY	SY200、SY200C、SY200A
石川岛（日本） IHI	35NX、55N、80NX-3
广西玉柴 YUCHAI	YC13-3、YC25、YC35-6、YC65-2、YC85-3

2. 挖掘机产品的命名规则

根据 GB/T 9139—2008《液压挖掘机　技术条件》，挖掘机产品型号由企业名称代号、主参数代号、特征代号及变型更新代号构成。示例如图 1—1—12 所示。

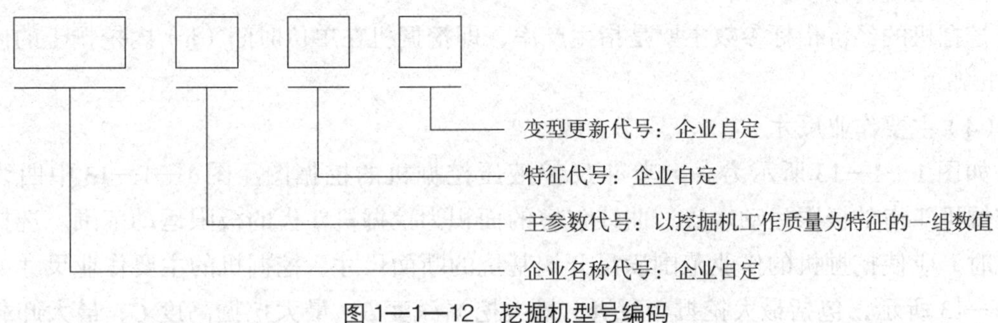

图 1—1—12　挖掘机型号编码

四、挖掘机的基本术语及主要参数

1. 挖掘机的基本术语

挖掘机的主要基本术语有标准铲斗容量、整机性能参数、经济指标参数和主要作业尺寸。

（1）标准铲斗容量

标准铲斗容量即斗容量，是指挖掘Ⅳ级或密度为 1 800 kg/m^3 的土时，铲斗堆尖时的容量。为充分发挥挖掘机的挖掘力，对于不同等级或密度的土应配备不同斗容量的挖掘机。

（2）整机性能参数

1）整机质量。每种型号挖掘机的使用维护说明书中都标出“工作质量”字样，意思是挖掘机装上工作装置，由驾驶员操纵，处于工作状态下的质量（驾驶员质量按 65 kg 考虑）。有时也分别给出机体和工作装置的质量，单位均为吨（t）。

2）最大行走牵引力。牵引力是指用来克服各种运动阻力，获得前进的力。牵引力的产生：发动机发出转矩，经传动系统传到驱动轮，把履带工作区段张紧，引起支承面与地面的相互作用，这时地面给履带支承面一个切向反作用力，此力方向与履带行走方向一致，从而推动挖掘机前进。牵引力的度量单位是牛（N）。

3）最大挖掘力。最大挖掘力是指液压缸中的液压通过相应构件传递给斗齿并用来切削土的最大作用力。挖掘力是挖掘机的主要性能参数，与液压缸的推力、各铰点的位置有关。液压挖掘机在挖掘过程中有用斗杆液压缸的推力来挖掘的挖掘力和用铲斗液压缸的推力来挖掘的挖掘力。按液压系统工作压力工作的铲斗液压缸或斗杆液压缸所能发挥出的最大斗齿力（斗齿力在挖掘过程中是变化的）称为最大挖掘力。最大挖掘力的单位是牛（N）。

4）接地比压。接地比压是衡量挖掘机通过性能的指标，低于这个值的地面挖掘机就不能通过。接地比压是履带式挖掘机工作质量与履带接地面积之比，单位是帕斯卡（Pa）。

（3）经济指标参数

挖掘机的经济指标参数主要是指生产率，即挖掘机在单位时间（h）内挖掘土的体积数（m^3/h）。

（4）主要作业尺寸

如图 1—1—13 所示为一台单斗反铲液压挖掘机的挖掘图。图 1—1—13 中曲线表示挖掘机斗齿的极限运动轨迹，曲线包容的面积为挖掘机斗齿的极限运动范围。选择挖掘机时，应使挖掘机的作业范围满足开挖基坑的断面尺寸。挖掘机的主要作业尺寸如图 1—1—13 所示，包括最大挖掘半径 *A*、最大挖掘深度 *B*、最大挖掘高度 *C*、最大卸载高度 *D* 四项，它们反映了挖掘机的工作能力。

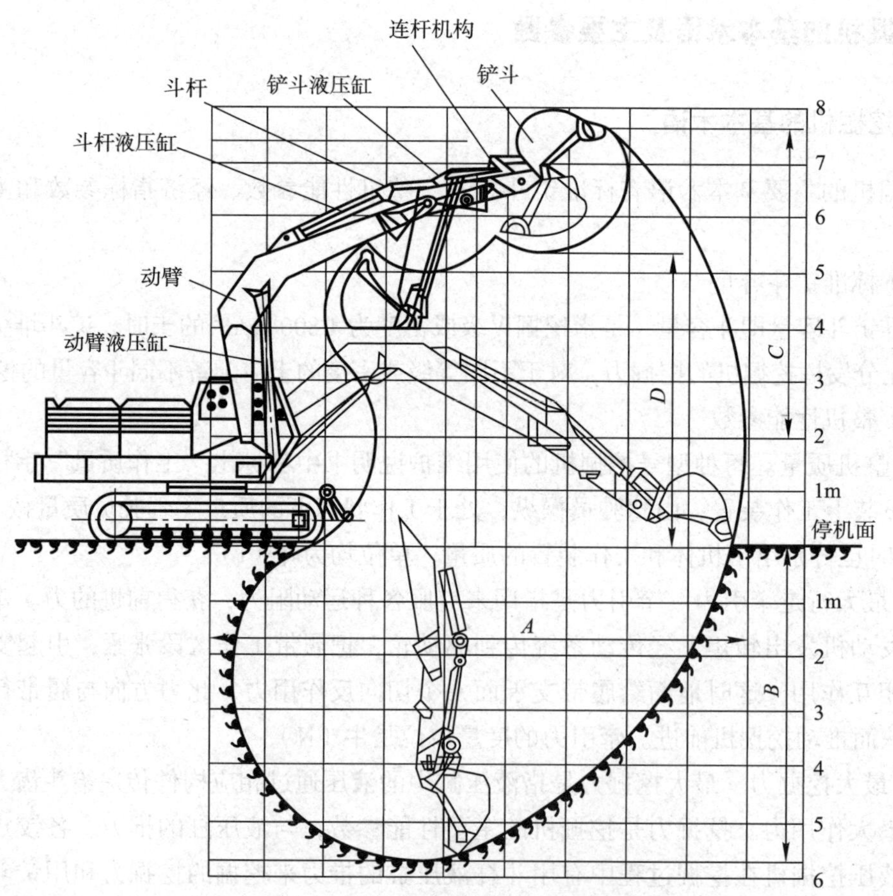

图 1—1—13 单斗反铲液压挖掘机的作业范围

1）最大挖掘半径。最大挖掘半径也称为最大挖掘宽度，是指铲斗的斗齿尖所能伸出的最远点至挖掘机的回转中心线间的水平距离。

2）最大挖掘深度。最大挖掘深度是指铲斗的斗齿尖所能达到的最低点到停机面的垂直距离。此时，动臂、斗杆与铲斗三个液压缸活塞杆全收回。

3）最大挖掘高度。最大挖掘高度是指工作装置处在最大举升高度时，铲斗齿尖至停机面的垂直距离。此时，动臂液压缸活塞杆全伸出，斗杆和铲斗液压缸活塞杆全缩回。

4）最大卸载高度。最大卸载高度是指工作装置位于最大举升高度时，翻转后的铲斗齿尖与停机面的垂直距离。此时，动臂和铲斗液压缸活塞全伸出，斗杆液压缸全缩回。

2. 挖掘机的技术参数

（1）产品规格

挖掘机的产品规格如图 1—1—14 所示，规格参数见表 1—1—2。

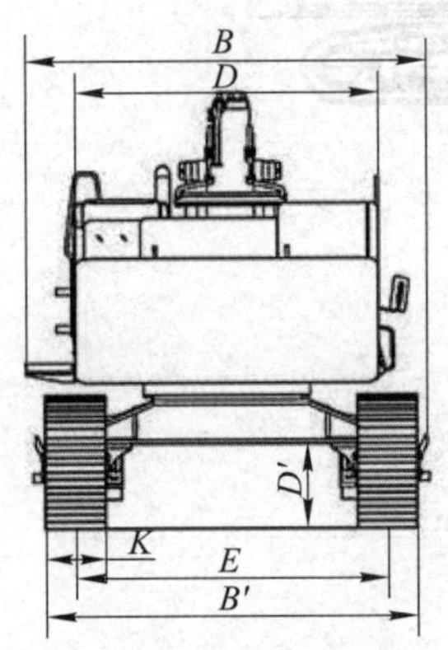

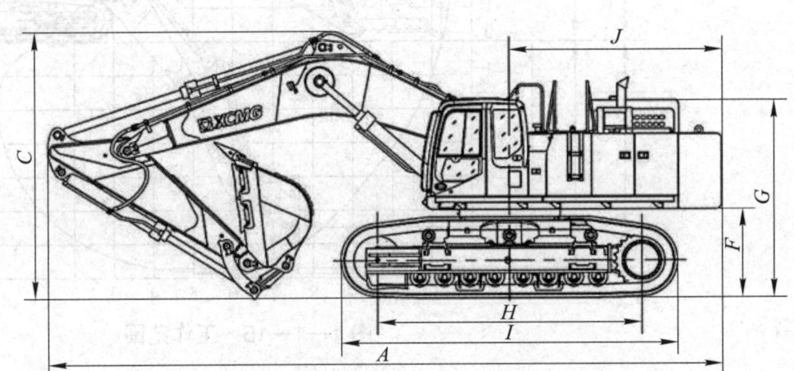

图 1—1—14　产品规格

表 1—1—2　　XE230 液压挖掘机规格参数

工作装置标准配置		2.96 m 斗杆	D'：最小离地距离（mm）	485
整机质量（kg）		23 520	E：履带轨距（mm）	2 390
标准斗容量（m³）		1.0	J：尾部旋转半径（mm）	2 940
发动机	型号	2 300		
	额定功率（kW）	3 462		
	额定转速（r/min）	2 100		
A：总长（运输）（mm）		10 185	K：履带板宽度（mm）	600（三筋履带板）
B：总宽度（运输）（mm）		2 990	接地比压（kPa）	51.7
B'：下车宽度（mm）		2 990	最大回转速度（r/min）	11.9
C：总高度（运输）（mm）		3 100	最大行驶速度（快 / 慢）（km/h）	5.2/3.5
D：上车宽度（mm）		2 390	爬坡能力	≤35°（70%）

（2）工作范围

挖掘机的工作范围如图 1—1—15 所示，工作范围参数见表 1—1—3。

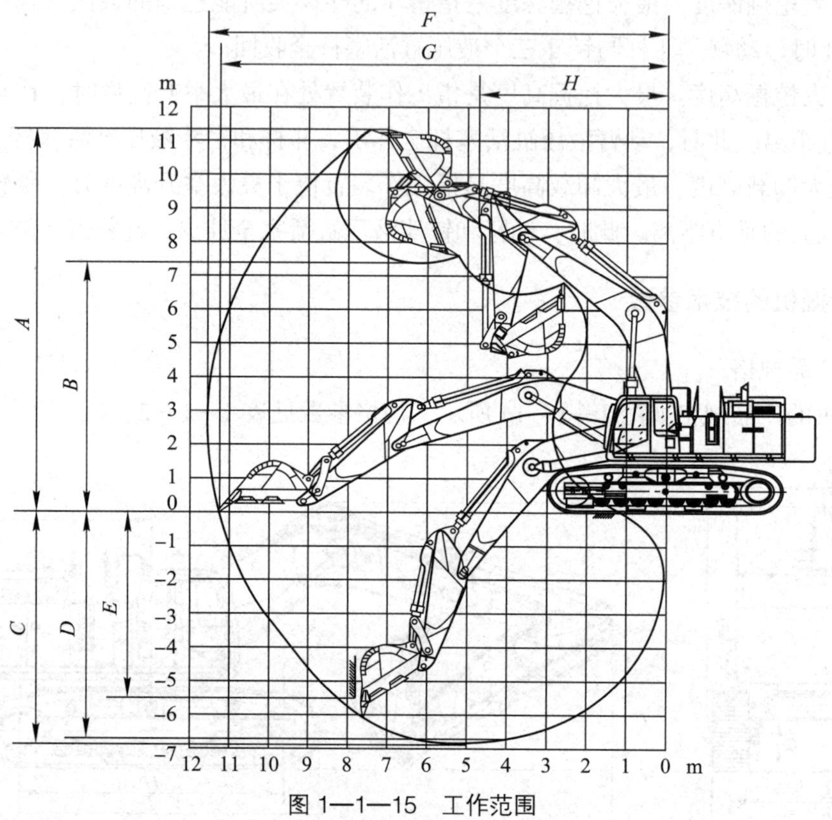

图 1—1—15 工作范围

表 1—1—3 XE230 液压挖掘机工作范围参数 mm

A：最大挖掘高度	9 595	D：最大挖掘深度	6 750
B：最大卸载高度	6 745	F：最大挖掘半径	10 240
C：最大挖掘深度	6 960	H：最小回转半径	3 850

复习思考题

1. 简述挖掘机的分类。
2. 简述挖掘机的主要工作。
3. 简述 XE230 液压挖掘机主要规格参数。
4. 在挖掘机上查找机器号码，并将其填在表 1—1—4 中。

表 1—1—4　　挖掘机的机器号码的位置及含义

序号	机器号码位置	号码含义	填写记录
1		液压挖掘机整机的型号及整机编号	机器型号：________ 整机编号：________
2		箭头所指位置为发动机的型号及制造号	发动机型号：________ 制造号：________
3		箭头所指为挖掘机铲斗的编号	铲斗编号：________
4		箭头所指为挖掘机行走马达的编号	行走马达编号：________
5		箭头所指为挖掘机回转马达的编号	回转马达编号：________
6		箭头所指为挖掘机液压泵的编号	液压泵编号：________

课题 2　挖掘机构造原理

学习目标

1. 熟悉挖掘机工作装置、回转机构、行走机构的构造。
2. 明确挖掘机动力系统的组成和工作原理。
3. 明确挖掘机液压系统的组成和工作原理。
4. 明确挖掘机电气系统的组成和工作原理。

一、挖掘机工作装置构造

1. 挖掘机工作装置的组成

挖掘机工作装置由动臂、斗杆、铲斗、连杆、摇臂（杆）和四（三）个液压缸等组成，形成连杆机构。

2. 挖掘机工作装置的作用

挖掘机工作装置是实现挖掘土石方的基本构件。

3. 工作装置在挖掘机中的布置

工作装置的布置如图 1—2—1 所示。其中铲斗、连杆、摇杆（臂）、斗杆、动臂和液压缸是通过销轴连接，通过液压缸的伸缩实现各种作业，铲斗为基本作业机具。通过铲斗、斗杆液压缸的作用，使得铲斗上的楔形斗齿破坏土壤的原始结构从而实现挖掘功能。

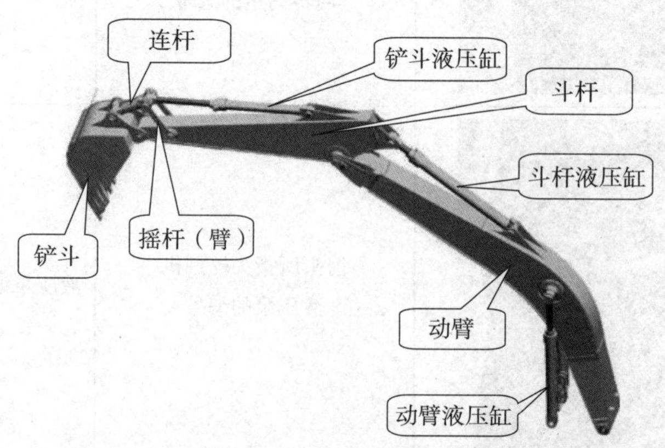

图 1—2—1　工作装置主要结构组成

二、挖掘机回转机构的构造

1. 挖掘机回转机构的组成

挖掘机回转机构由回转减速机总成和回转支承组成。

2. 挖掘机回转机构的作用

挖掘机回转机构的作用是实现被挖物料的转移。

3. 回转机构在挖掘机中的布置

回转机构在挖掘机中的布置如图 1—2—2 所示。其中回转支承的内圈（带齿的圈）固定在底盘上，外圈固定在转台上，回转减速机安装在转台上且其输出小齿轮与回转内齿圈啮合。

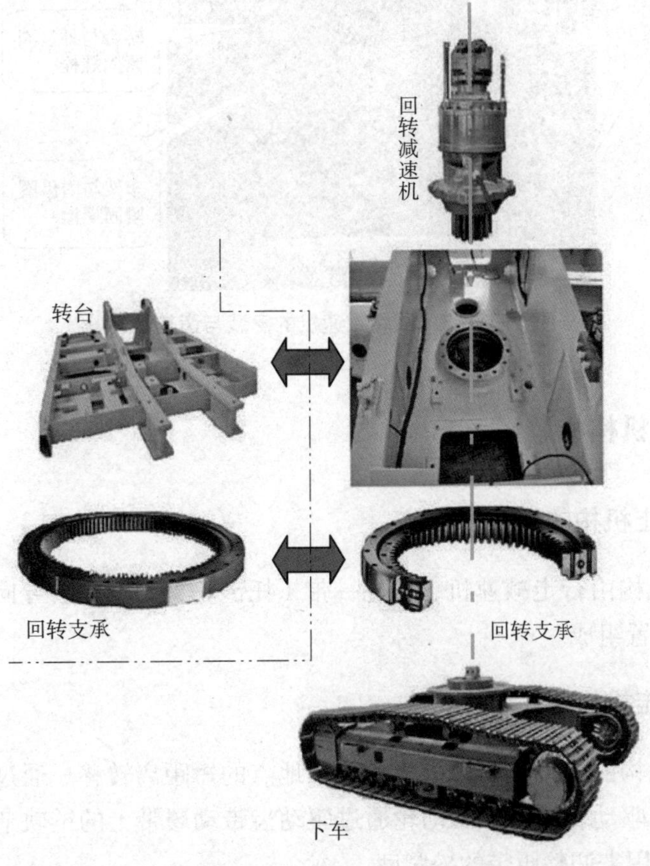

图 1—2—2　回转机构安装布置

当回转减速机输出小齿轮在回转支承的内齿圈滚动时，即带动转台及回转支承外圈在固定的钢球轨道上转动，从而实现回转功能——即实现被挖土壤的转移。回转减速机的安装与齿轮啮合如图 1—2—3 所示。

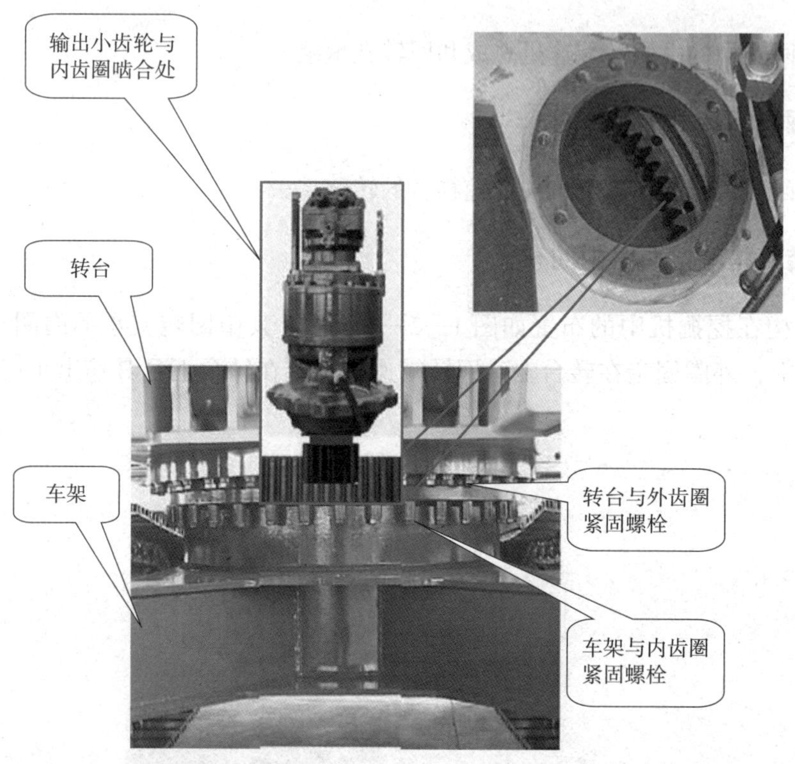

图 1—2—3　回转减速机的安装与齿轮啮合

三、挖掘机行走机构构造

1. 挖掘机行走机构的组成

挖掘机行走机构由行走减速机、四轮一带（托链轮、支重轮、导向轮、驱动轮和履带总成）及张紧装置组成。

2. 挖掘机行走机构的作用

挖掘机行走机构的作用是实现挖掘机施工地点的短距离转移。通过行走马达驱动行走减速机从而带动驱动轮旋转，驱动轮通过驱动齿带动履带上的链轨节实现行走。行走机构内的张紧装置用来调整履带的松紧度。

3. 行走机构在挖掘机中的布置

挖掘机行走机构的具体布置如图 1—2—4 和图 1—2—5 所示。

图 1—2—4　行走机构

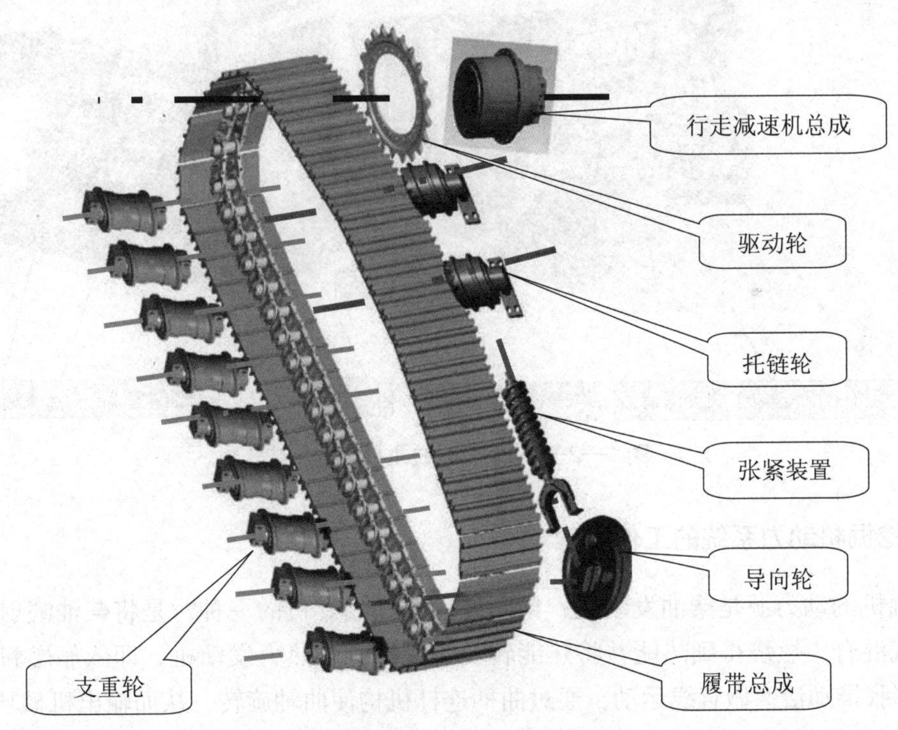

图 1—2—5　行走装置展开

四、挖掘机动力系统组成及工作原理

挖掘机动力系统是将燃油（柴油）通过燃烧（压燃）所产生的热能转化为机械能并为施工设备提供动力的一种装置。

1. 挖掘机动力系统的组成

挖掘机动力系统由燃油系统、进排气系统、冷却系统、润滑系统、启动装置等部分组成，如图 1—2—6 所示。

动力系统包括发动机、散热器（液压油和发动机冷却水用）、空气滤清器、消声器、燃油箱等。发动机是机器动力之源，把燃油燃烧产生的热能通过曲轴连杆机构转变成机械能。散热器采用冷却空气从散热器正前方吸风的形式，增强散热效果；空气滤清器为二次过滤型加预滤器，防止粉尘进入，以适应多灰尘环境作业；消声器用于降低排气产生的噪声。燃油箱采用薄钢板焊接而成，外形与整机造型协调。

图 1—2—6　动力系统主要结构组成

2. 挖掘机动力系统的工作原理

挖掘机的动力源是柴油发动机，柴油发动机是内燃机的一种，是将柴油喷射到气缸内与空气混合，燃烧得到热能并将热能转变为机械能的热力发动机，即依靠燃料燃烧时的燃气膨胀推动活塞做直线运动，通过曲柄连杆机构使曲轴旋转，从而输出机械功。

五、挖掘机液压系统组成及工作原理

挖掘机液压系统是将发动机输出的机械能通过液压泵转化为压力能并传至液压缸（马达）再转换为机械能，从而实现能量的传递，其基本功能如图 1—2—7 所示。

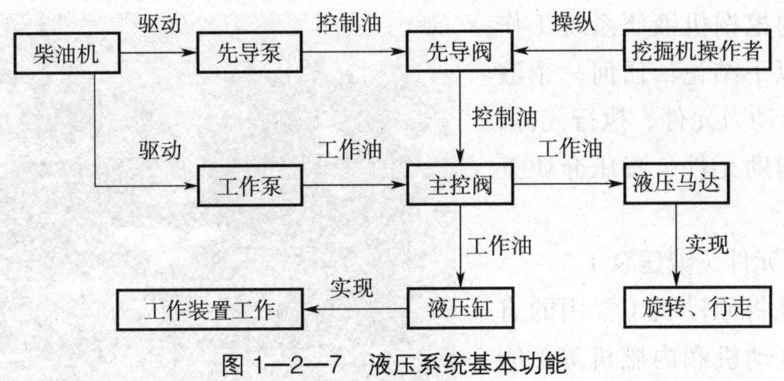

图 1—2—7 液压系统基本功能

1. 挖掘机液压系统的组成

挖掘机液压系统由液压缸、液压马达、液压泵、液压阀、液压油和液压辅件等组成。

2. 挖掘机液压系统的工作原理

挖掘机的主要动作有整机行走（前进和后退）、转台左右回转、动臂升降、斗杆外伸与挖掘、铲斗装土和卸载等，根据这些工作要求，把各液压元件用管路按照要求有序地连接起来，形成完整的液压系统，它把发动机的机械能以油液为工作介质，由液压泵转化为液压能，传送给液压缸、液压马达等执行元件，再转变为机械能，传送到执行机构，完成操作者所要求的各种动作，如图 1—2—8 所示。

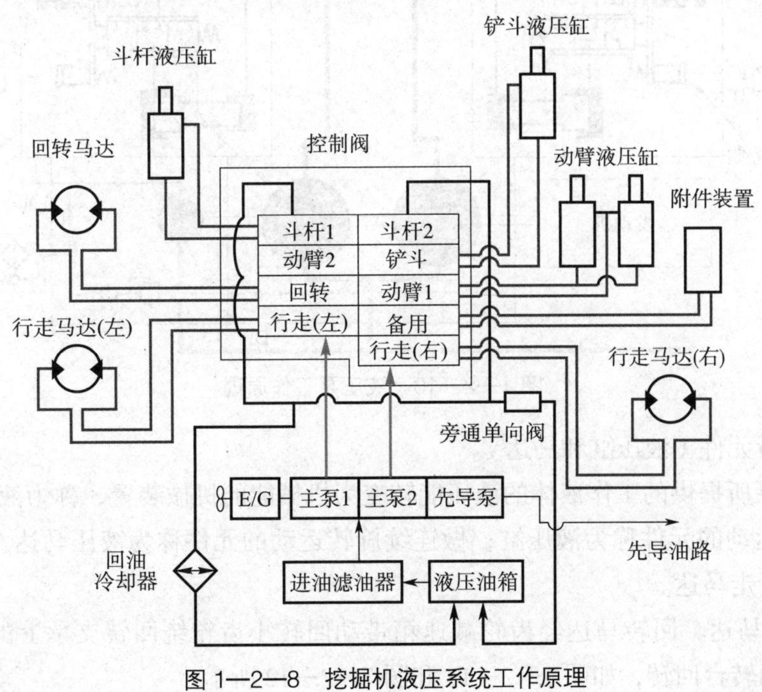

图 1—2—8 挖掘机液压系统工作原理

从上面的挖掘机液压系统工作原理可得出以下结论：任何一个液压系统总是由动力元件、执行元件、控制元件、辅助元件、液压介质五部分组成。

（1）动力元件（液压泵）

液压泵是将原动机（常用的有人力机构、电动机和内燃机等）所提供的机械能转变为工作液体的液压能的机械装置。如图 1—2—9 和图 1—2—10 所示。

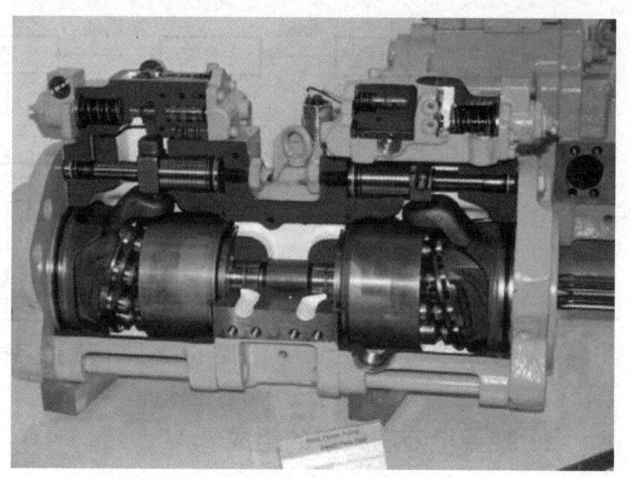

图 1—2—9　液压泵

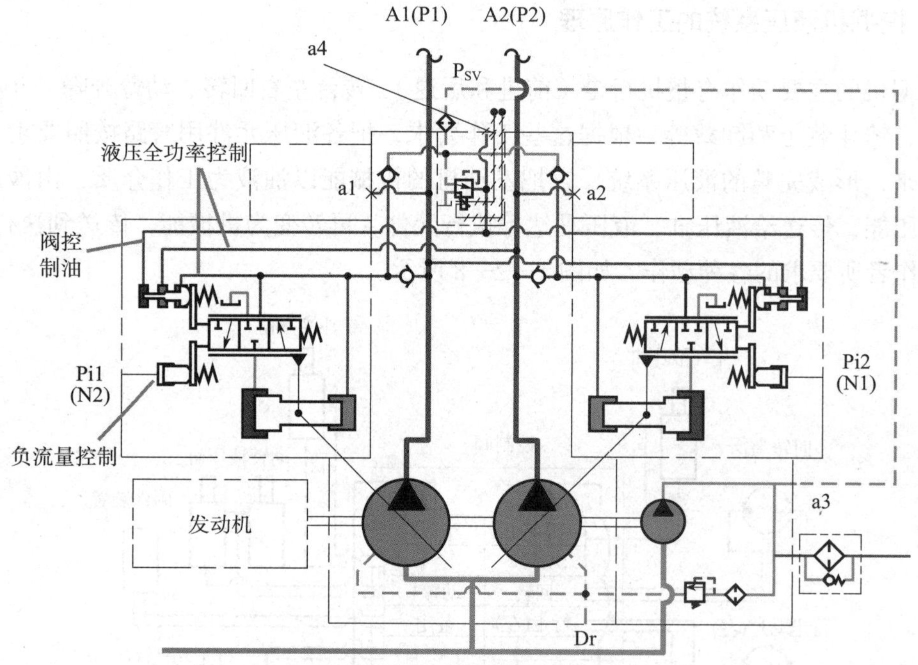

图 1—2—10　液压泵工作原理

（2）执行元件（液压缸和马达）

将液压泵所提供的工作液体的液压能转变为机械能的机械装置，称为液压执行元件。做直线往复运动的元件称为液压缸；做连续旋转运动的元件称为液压马达。挖掘机上有回转马达和行走马达。

1）回转马达。回转马达经齿轮减速箱带动回转小齿轮绕回转支承上的固定齿圈滚动，从而带动转台回转，如图 1—2—11 和图 1—2—12 所示。

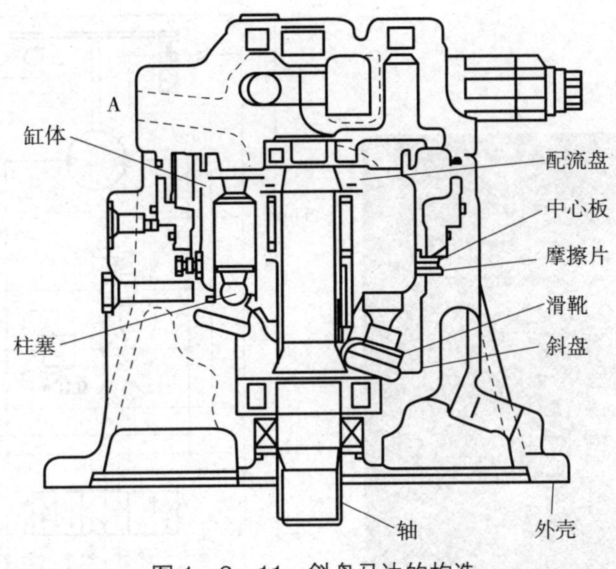

图 1—2—11 斜盘马达的构造

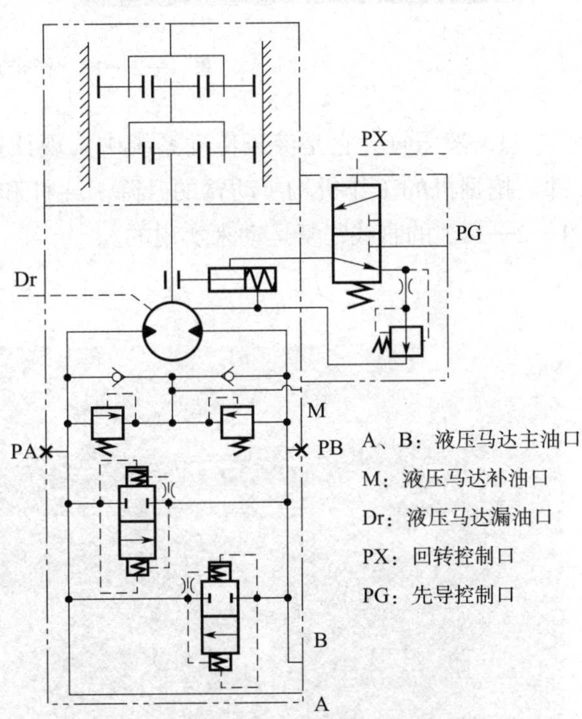

图 1—2—12 回转减速机及其原理

2）行走马达。行走马达利用液压泵输出的高压油做功高速旋转，驱动减速机，然后带动驱动轮和履带一起旋转，可实现挖掘机的行走（前进或后退），如图 1—2—13 所示。

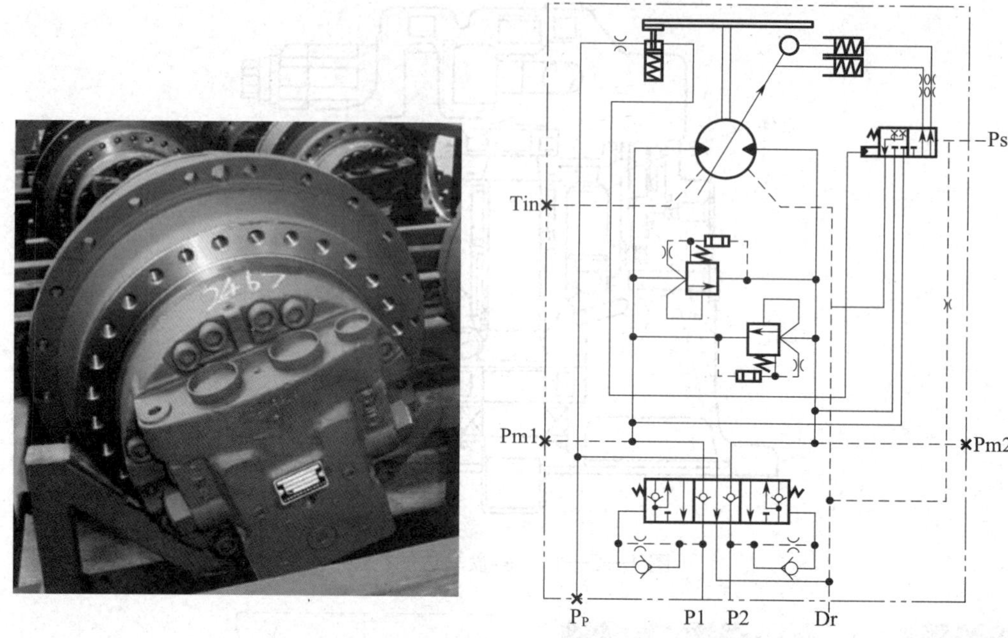

图 1—2—13　行走减速机及其原理

3）液压缸。它是液压传动系统中实现往复运动和小于 360° 摆动运动的液压执行元件。挖掘机的工作机构（动臂的升降、斗杆和铲斗的挖掘与卸载）都是利用液压缸（图 1—2—14）的直线往复运动来实现的。

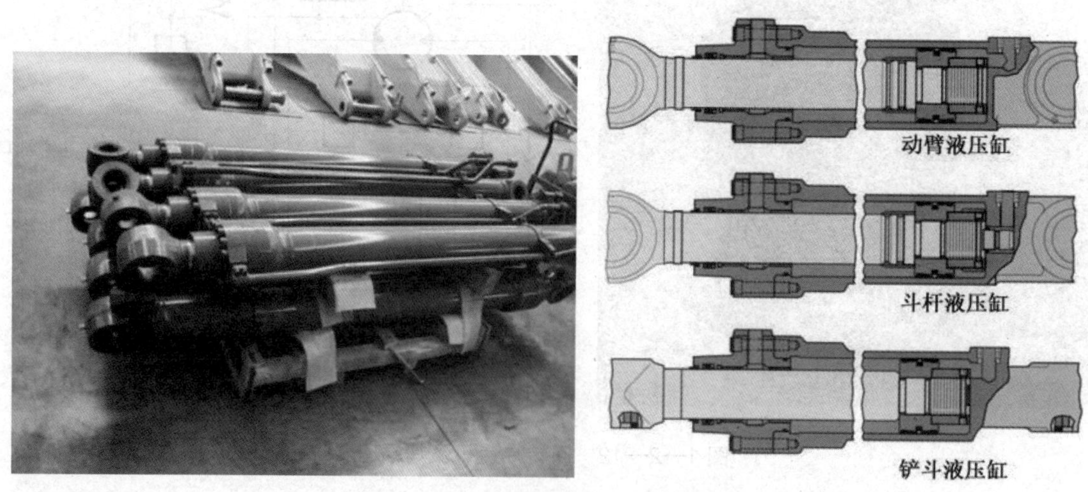

图 1—2—14　液压缸及其内部结构

（3）控制元件（控制阀）

控制元件是指对液压系统的压力、流量和液流方向进行控制或调节的元件。

1）主控制阀。挖掘机主控制阀的功能是控制液压油路里液体的压力、流量和方向。主控制阀的控制方式为液压先导控制，如图 1—2—15 和图 1—2—16 所示。

2）先导控制阀

先导控制阀是由 4 个减压阀装在同一个壳体内形成的，其输出压力通过调整手柄的倾斜度来控制。先导阀用于控制使控制阀阀柱移动的先导压力油，如图 1—2—17 所示。

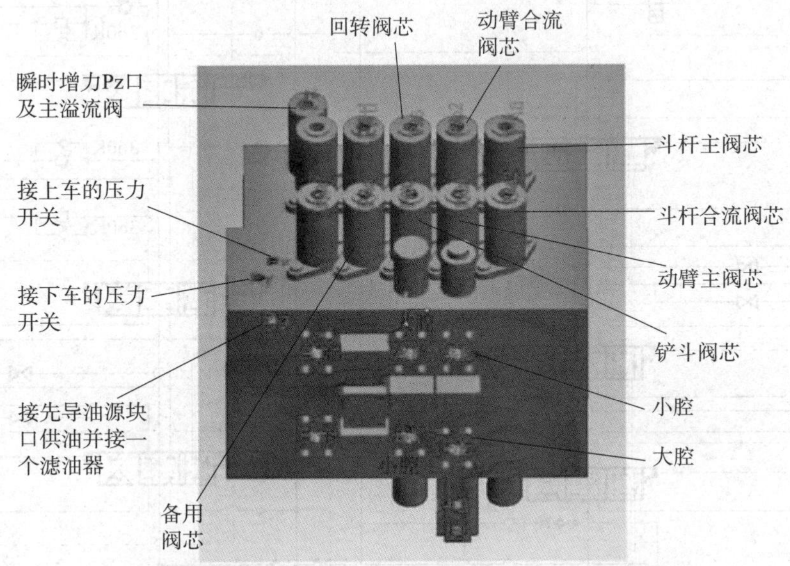

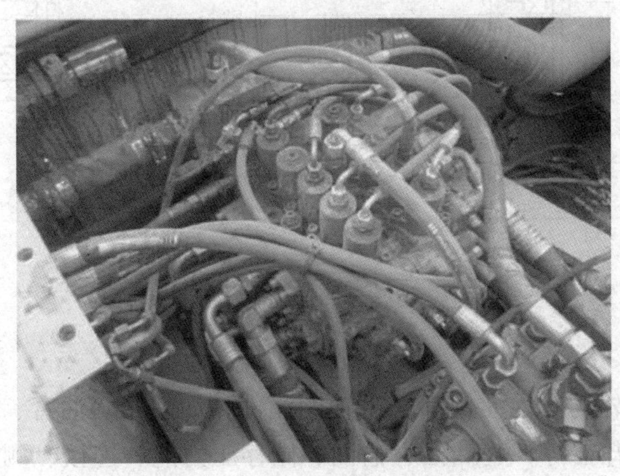

图 1—2—15　主控制阀及其管路连接

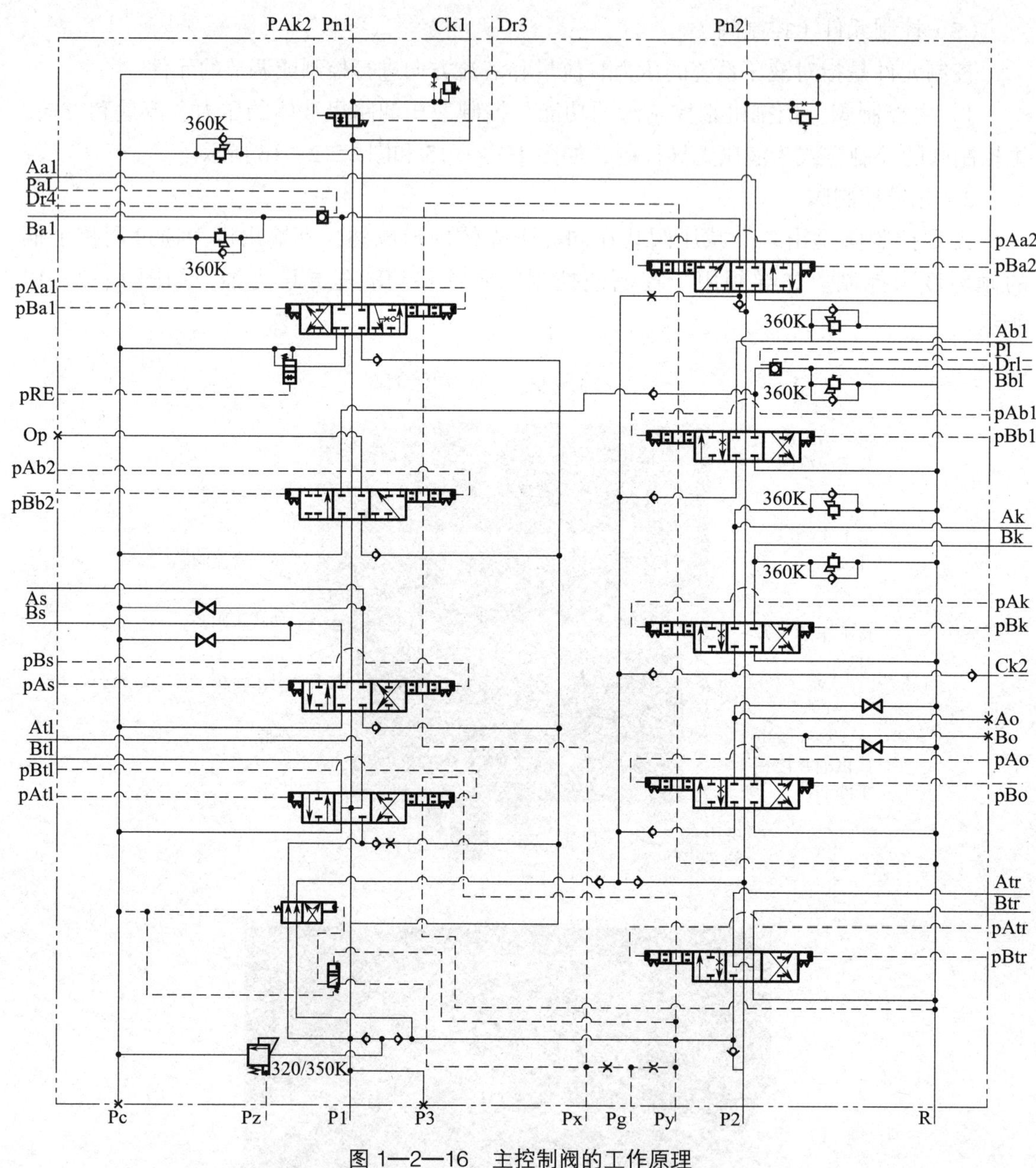

图 1—2—16 主控制阀的工作原理

（4）辅助元件

上述三部分以外的其他元件都属于辅助元件，如油箱、油管、蓄能器、管接头、压力表、过滤器和冷却器等，起储油、输油、储存压力能、连接、测量、过滤和冷却等作用，以保证系统的正常工作。

（5）传动介质（液压油）

液压油就是利用液体压力能的液压系统使用的液压介质，在液压系统中起着能量传递、系统润滑、防腐、防锈、冷却等作用。对于液压油来说，应满足液压装置在工作温度下与启动温度下对液压油黏度的要求，由于液压油的黏度变化直接与液压动作、传递效率和传递精度有关，还要求液压油的黏温性能和剪切安定性应满足不同用途所提出的各种需求。

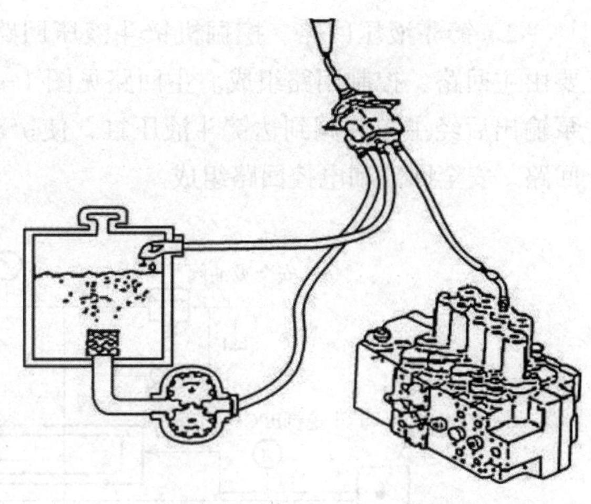

图 1—2—17 先导控制阀

（6）挖掘机液压系统主要回路的工作原理

1）动臂液压回路。挖掘机动臂液压回路原理如图 1—2—18 所示。动臂液压回路主要由主回路、控制回路组成。主回路见图 1—2—18 中的粗实线及相关的部件。高压油经主泵输出后经主控制阀到达动臂液压缸，使动臂产生运动。控制回路由 PPC 回路（注：PPC 回路是由动臂 PPC 阀和自减压阀组成的。PPC 阀是一种比例压力控制阀）、泵控制回路、安全回路和电控回路组成。

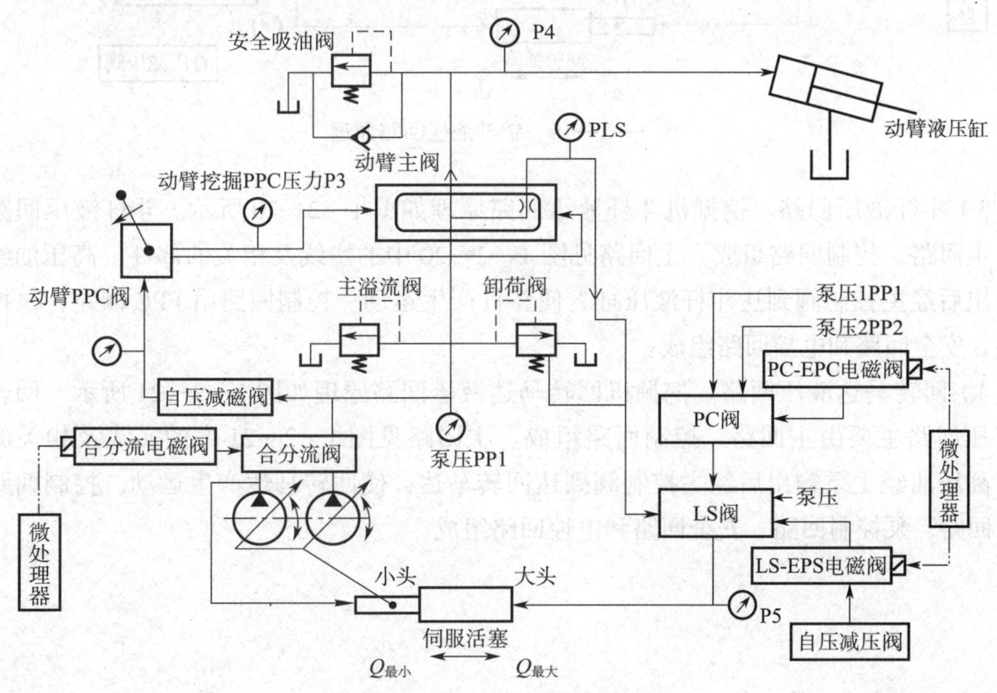

图 1—2—18 动臂液压回路原理

2）铲斗液压回路。挖掘机铲斗液压回路原理如图 1—2—19 所示。铲斗液压回路主要由主回路、控制回路组成。主回路见图 1—2—19 中的实线及相关的部件。高压油经主泵输出后经主控制阀到达铲斗液压缸，使铲斗产生运动。控制回路由 PPC 回路、泵控制回路、安全回路和电控回路组成。

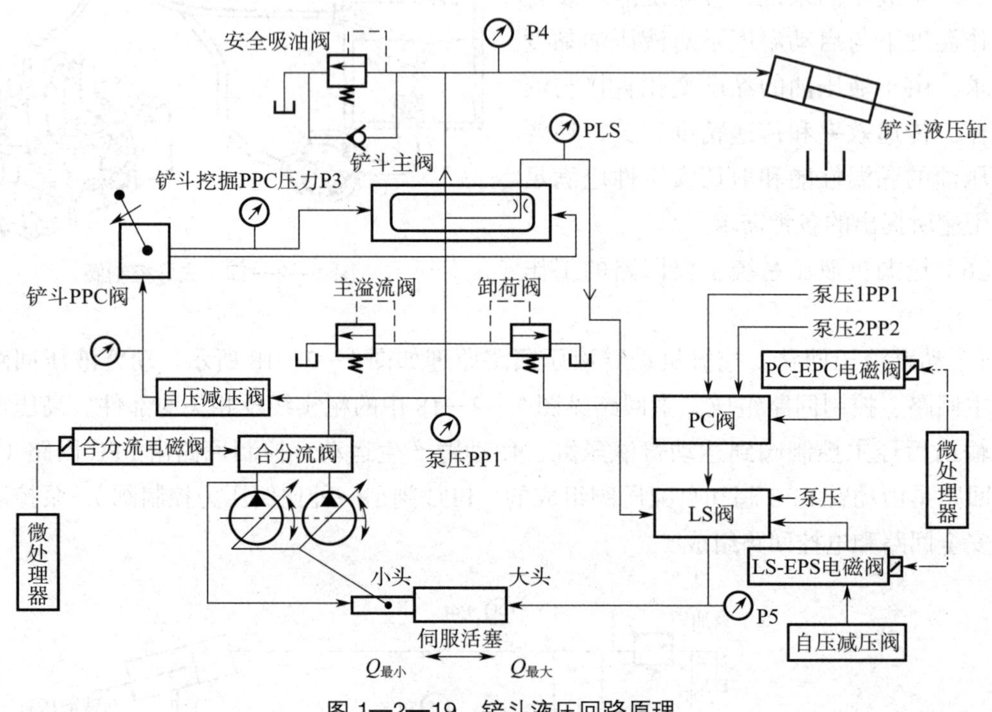

图 1—2—19　铲斗液压回路原理

3）斗杆液压回路。挖掘机斗杆液压回路原理如图 1—2—20 所示。斗杆液压回路主要由主回路、控制回路组成。主回路见图 1—2—20 中的实线及相关的部件。高压油经主泵输出后经主控制阀到达斗杆液压缸，使斗杆产生运动。控制回路由 PPC 回路、泵控制回路、安全回路和电控回路组成。

4）回转马达液压回路。挖掘机回转马达液压回路原理如图 1—2—21 所示。回转马达液压回路主要由主回路、控制回路组成。主回路见图 1—2—21 中的实线及相关的部件。高压油经主泵输出后经主控制阀到达回转马达，使回转马达产生运动。控制回路由 PPC 回路、泵控制回路、安全回路和电控回路组成。

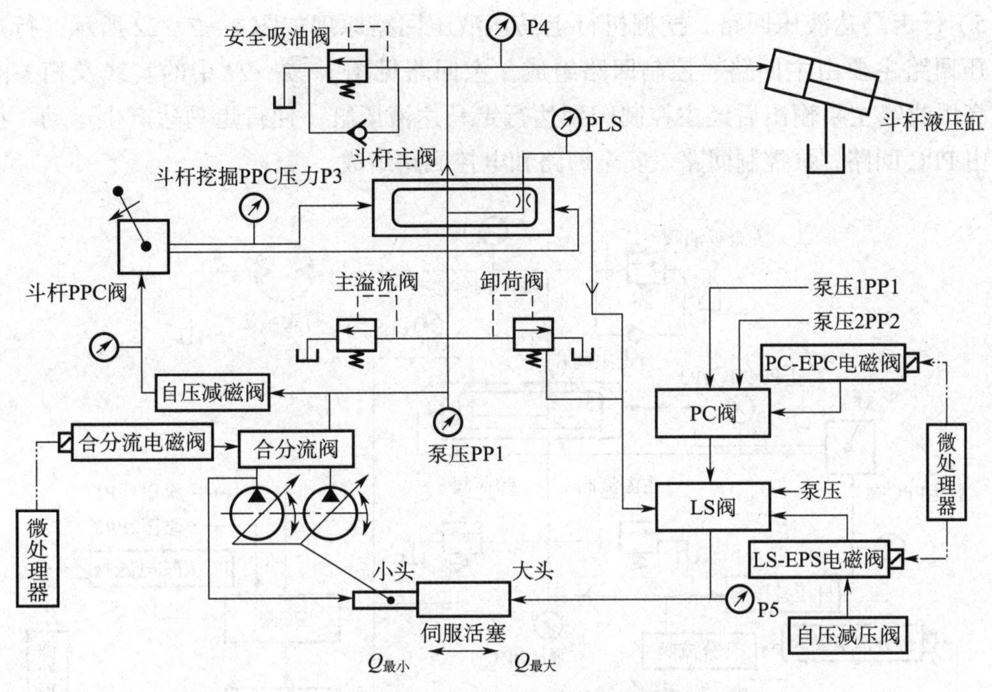

图 1—2—20　斗杆液压回路原理

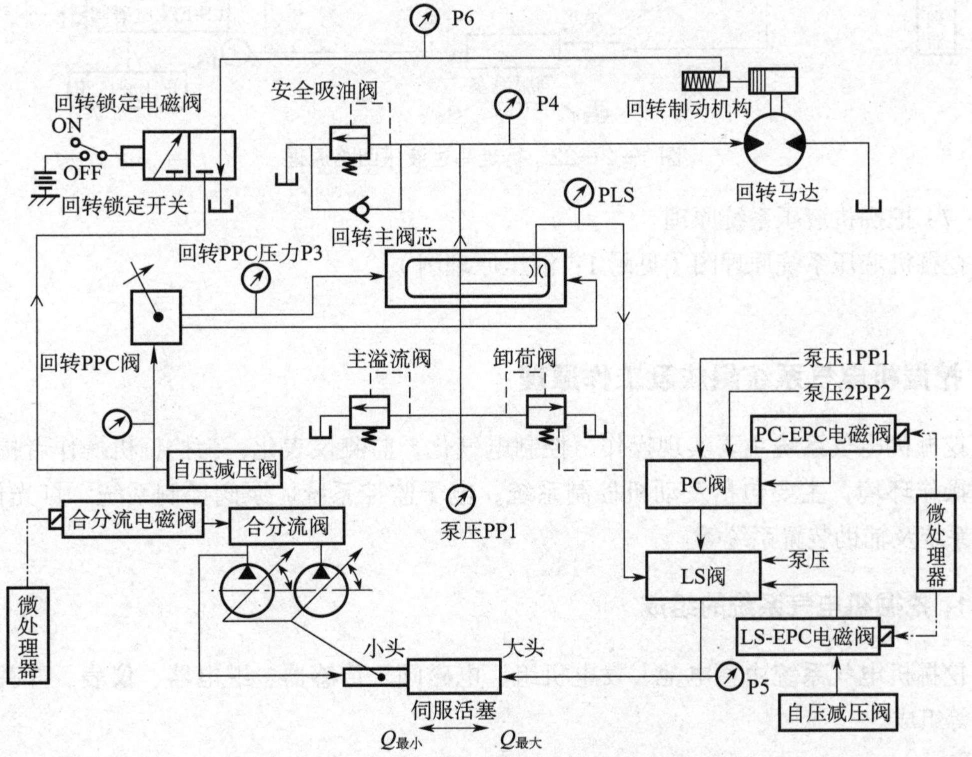

图 1—2—21　回转马达液压回路原理

5）行走马达液压回路。挖掘机行走马达液压回路原理如图 1—2—22 所示，行走马达液压回路主要由主回路、控制回路组成。主回路见图 1—2—22 中的实线及相关的部件。高压油经主泵输出后经主控制阀到达行走马达液压缸，使行走马达产生运动。控制回路由 PPC 回路、泵控制回路、安全回路和电控回路组成。

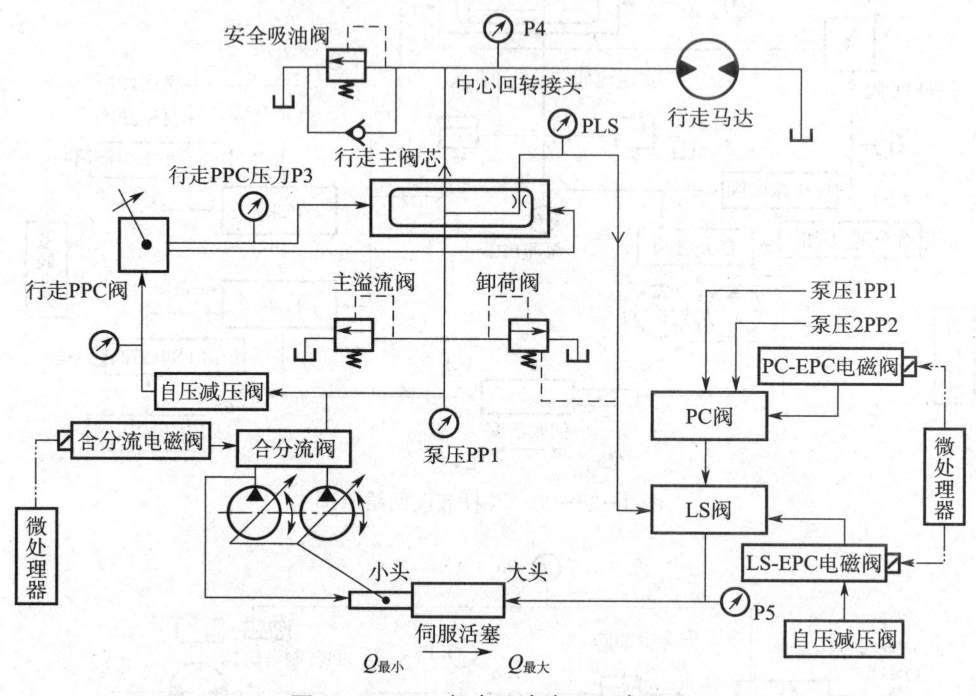

图 1—2—22　行走马达液压回路原理

（7）挖掘机液压系统原理

挖掘机液压系统原理图（见附 1：液压原理图）。

六、挖掘机电气系统组成及工作原理

挖掘机电气系统主要实现操作、控制电气化，监测仪表化，为挖掘机操作者提供良好的操作环境，主要包括发动机控制系统、电子监控系统、泵阀控制系统、灯光信号、照明系统及辅助装置系统等。

1. 挖掘机电气系统的组成

挖掘机电气系统由蓄电池、发电机组、电磁阀、传感器、继电器、仪表、开关、照明灯等组成。

（1）电源

XE210 挖掘机电气系统电源采用直流 24 V 电压供电，两节 12 V 蓄电池串联作为发动机启动电源。

1）蓄电池。蓄电池如图 1—2—23 所示，主要用作起动发动机，当机器未起动时，整车电器均由蓄电池供电，所以在使用的过程中要尽量保护好蓄电池的电量。

2）发电机。发电机如图 1—2—24 所示，一般由发动机自带，当机器起动后，整车电源由发电机提供，当发电机发出的电压高于蓄电池电压时，蓄电池开始充电，从而稳定系统电压并维持蓄电池电量。

图 1—2—23　蓄电池

图 1—2—24　发电机

（2）起动开关

起动开关如图 1—2—25 所示，主要是用来控制整车电路通电与否、预热和起动发动机。

点火开关 JK406C-2

挡位＼端子	B	BR	ACC	C	R1	R2
左1，预热	●	●	●		●	
0位，停止	●					
右1，上电	●	●	●			
右2，起动	●	●	●	●		●

图 1—2—25　起动开关及其功能

（3）起动马达

起动马达如图 1—2—26 所示，通常由发动机自带，主要用作带动发动机起动。一般由电动机、传动装置、控制装置三部分组成。

（4）熄火马达

熄火马达如图 1—2—27 所示，断电时通过熄火马达执行器件切断燃油，使发动机熄火。

图 1—2—26　起动马达

图 1—2—27　熄火马达

（5）水温传感器

水温传感器如图 1—2—28 所示，为电阻式温度传感器，温度越低阻值越高，温度越高阻值越低。其主要作用就是将非电量的参数转换成电量参数传给仪表。

（6）燃油油位传感器

燃油油位传感器如图 1—2—29 所示，是通过自身带的具有一定磁性的浮子，随着燃油液位的变化而上下滑动，从而改变内部一系列电阻组合的阻值，然后传给仪表处理，转换成相应的油位值显示。

图 1—2—28　水温传感器

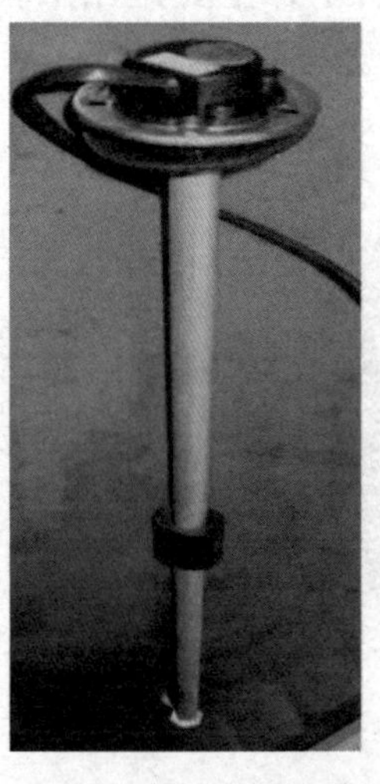

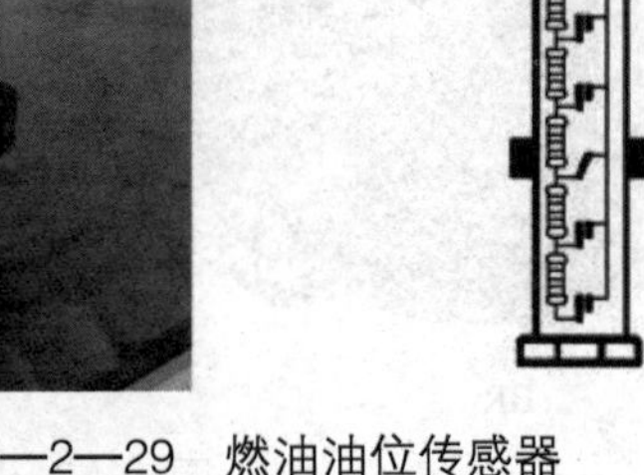

图 1—2—29　燃油油位传感器

（7）继电器

继电器如图 1—2—30 所示，是一种电子控制器件，它具有控制系统（又称输入回路）和被控制系统（又称输出回路），通常应用于自动控制电路中，它实际上是用较小的电流去控制较大电流的一种“自动开关”。故继电器在电路中起着自动调节、安全保护、转换电路等作用。

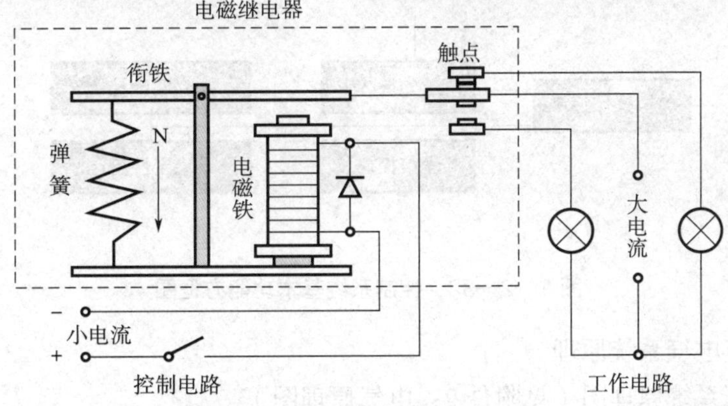

图 1—2—30　继电器及其工作原理

（8）仪表

挖掘机主控仪表如图 1—2—31 所示。

图 1—2—31　挖掘机主控仪表

2. 挖掘机电气系统的工作原理

工程机械的电气系统是整机的重要组成部分，其功能主要有显示和控制两大部分。

（1）挖掘机电气系统的主要功能

1）显示。此类系统主要是为了让机械操作员及时了解机器的运转状况而设置的。其主要元件大多是一些仪表、传感器、指示灯等。

2）控制。控制功能由许多控制回路组成。按其控制对象可分为柴油机控制、液压系统控制、整机操作控制等，如图 1—2—32 所示。

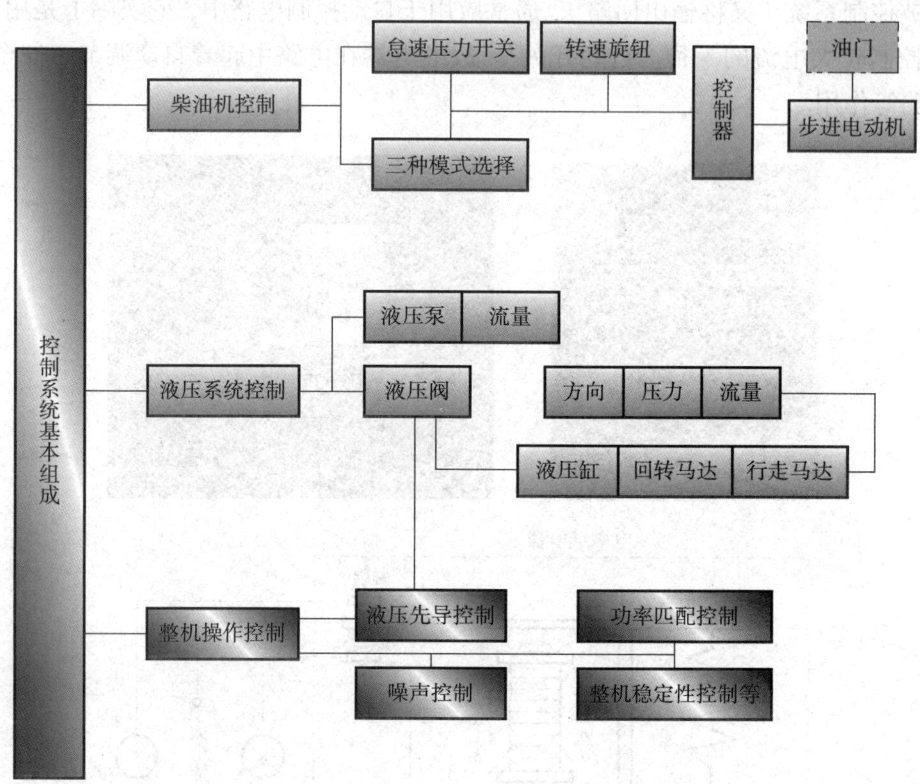

图 1—2—32 控制系统基本功能方框图

（2）挖掘机电气系统原理

挖掘机电气系统原理图（见附件 2：电气原理图）。

七、挖掘机辅助装置

1. 挖掘机辅助装置的组成

挖掘机辅助装置有驾驶室、制冷系统、暖风装置、收音机、覆盖件和配重等，如图 1—2—33、图 1—2—34、图 1—2—35 所示。

2. 挖掘机辅助装置的作用

挖掘机辅助装置是对挖掘机起辅助作用的零部件。

图 1—2—33　暖风装置

图 1—2—34　制冷系统

图 1—2—35　覆盖件

复习思考题

1. 如何对挖掘机进行分类？
2. 对照实物说出主控制阀每条管路的连接位置及其作用。
3. 简述斜盘马达的工作原理。
4. 对照挖掘机液压原理图说出各先导阀的控制原理。
5. 对照挖掘机说出挖掘机主控仪表的使用方法。

模块二
挖掘机操作

课题 1 挖掘机操作前的准备

学习目标

1. 会识别各种安全标识。
2. 明确挖掘机安全标识的内容和含义。
3. 明确挖掘机操作的安全注意事项。
4. 能识别常用行走手势和作业手势。

一、安全标识

1. 安全警告标识说明

挖掘机安全警告标识及其含义见表 2—1—1。

表 2—1—1 安全警告标识及其含义

安全警告标识	安全警告标识含义
（三角形感叹号标志）	“注意安全”的标识，看到这个警告符号时应仔细阅读下面的信息，并严格遵守，且告知其他操作者。在机器安全标识上，用“危险”（DANGER）、“警告”（WARNING）或“注意”（CAUTION）表示危害程度的词汇与“注意安全”的标识一起使用，表示危害和不安全操作的三个危险等级。无论何时，见到安全警告三角标志，无论后面是哪个级别的警告语，都要认真阅读警告内容
! 危险	危险——是指有直接危险的情况，如不进行避免，将造成死亡或特别严重的伤害事故。它同时也用来警告人们，如果操作或处理不当，设备会爆炸或破坏
! 警告	警告——是指有潜在危险的情况，如不进行避免，可能造成死亡或重伤。它也用来警告防止较严重的不安全操作
! 注意	注意——是指有潜在危险的情况，如不进行避免，可能造成轻度或中度受伤。它也用于提醒工作时防止一般的不安全操作因素

2. 安全标识的含义

挖掘机各安全标识的含义见表 2—1—2。

表 2—1—2　安全标识及其含义

序号	安全标识	安全标识含义
1	注 意 ● 操作机器前，通读操作者手册，以确保安全操作。 ● 操作机器前，确认控制杆的控制方式与机器实际动作之间的关系。 ● 离开操作位置时，做好下列事项： • 把铲斗等前端配件降到地上。 • 关闭发动机，取下钥匙。 • 把先导控制切断杆移到"LOCK"位置。 ● 不要进入用前端配件顶起的机器底下。 ● 如果必须在视野不佳的情况下操作机器，务必使用信号员，并服从其指挥。	操作者注意事项的警告标识
2	危险 ● 电瓶液蒸气为易燃物，电瓶应远离火星和明火，若有碰撞，电瓶会引爆和失火。工具等金属物品或易燃品不要与电瓶放在一起。 ● 电瓶液中的硫酸有强腐蚀性，会腐蚀皮肤和衣物，如果溅到眼中还会导致失明，若不慎将硫酸溅到身上应做如下处理： 1. 用水冲洗皮肤。 2. 用苏打中和酸性。 3. 用水冲洗眼睛10-15分钟，并即刻治疗。	电池的警告标识
3	警 告 ● 调节器的弹簧承受着很大的压力，液压缸中的压力也很高。因此在调整或拆装时这种高压有可能会造成事故。 ● 进行调整或拆装时，错误操作是十分危险的。调整履带张弛度前要认真阅读操作者手册，严格按规定顺序操作。	下车调节器弹簧的警告标识
4	警 告 ● 防止被动臂压伤。 ● 不要将身体的任何部分伸出窗栏或窗框；否则，若意外碰到或误操作动臂控制杆，都有可能会被动臂压伤。 ● 禁止拆掉窗栏。如果窗框、窗栏遗失或损坏，应马上补齐或修理。	防止动臂伤害的警告标识

续表

序号	安全标识	安全标识含义
5	注 意 ● 起动发动机或操作机器前，鸣喇叭，并核实机器周围无人。 ● 若发动机15秒内起动失败，将起动开关钥匙旋至“关”，等待2分钟后再次起动。	起动机器的警告标识
6	注 意 ● 在拆卸油箱盖或通气器之前，应先关闭发动机。 ● 在油温高时不要拆卸油箱盖。 ● 在拆卸油箱盖之前，必须先拆下通气器，以释放内压。	检查液压油和液压系统警告标识
7	注 意 为了防止前窗掉落造成的伤害，务必用锁销锁住窗子的两侧。	锁好前窗的警告标识
8	注 意 压力系统 热的冷却液能造成严重的烫伤。打开散热器盖子之前应关闭发动机。等到散热器凉下来后缓慢地拧开盖，释放压力。	冷却液高温、高压警告标识
9		远离斗杆工作范围的警告标识

续表

序号	安全标识	安全标识含义
10		正在转动的警告标识
11		当心跌落的警告标识
12		阅读说明书的警告标识
13		远离高压电的警告标识
14		安全出口的警告标识

续表

序号	安全标识	安全标识含义
15	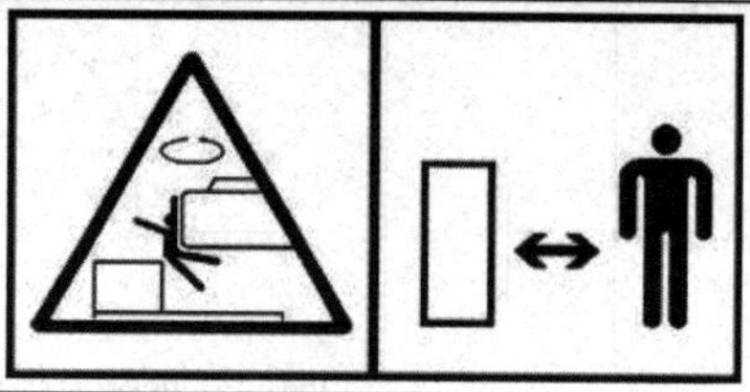	远离回转体、避免伤害的警告标识
16		停机后禁止操作的警告标识
17		机器锁紧的安全标识
18		禁止脚踏的警告标识
19		防止烫伤手臂的警告标识

续表

序号	安全标识	安全标识含义
20		禁止烟火警告标识
21		阅读使用维护说明书标识
22		反射器标识
23		燃油、机油及液压油的防火标识
24		高温下处理油液的注意事项标识

续表

序号	安全标识	安全标识含义
25		石棉粉尘的危险预防及室内通风标识
26		工作装备带来的伤害标识
27		避免飞行物标识
28		避免坠落物标识
29	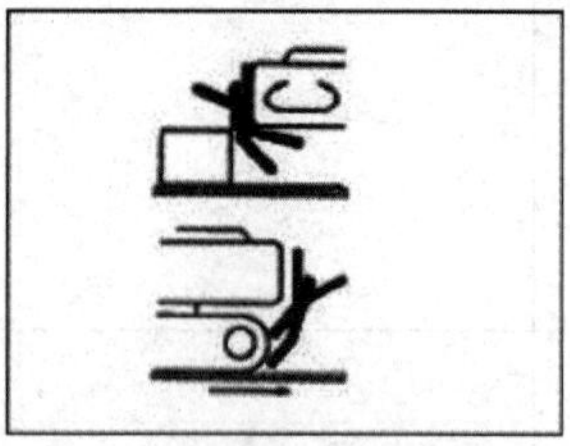	回转或改变行走方向标识
30		灭火器和急救箱标识

二、安全注意事项

1. 异常情况处理

如果在操作或保养过程中发现任何异常（噪声、振动、气味、不正确的仪表显示、烟、漏油等），要向主管人员报告并采取必要的措施。在故障纠正以前，不要操作机器。

2. 使用工作服和操作者防护用品

工作服和操作者防护用品如图 2—1—1 所示。

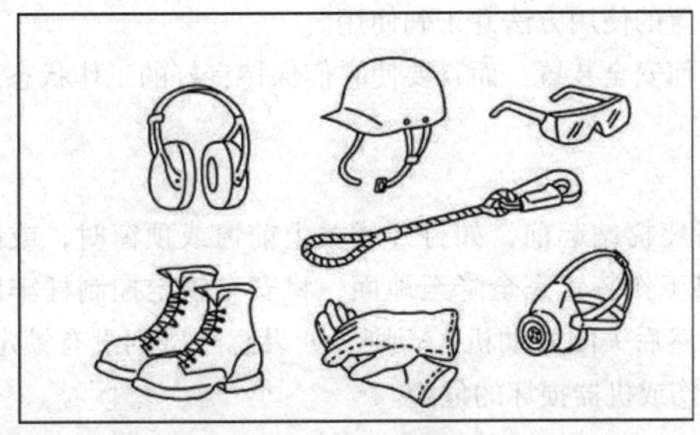

图 2—1—1　完好的保护装置

（1）不要穿戴宽松的衣服和饰品，它们有被控制杆或其他突出部件挂住的危险。

（2）如果头发太长并伸出安全帽，会有卷入机器的危险，所以要将头发扎入安全帽内。

（3）始终必须戴安全帽，穿安全鞋。在操作或保养机器时，如果工作需要，要戴安全眼镜、面罩、手套、耳塞以及安全带。

（4）在使用保护装置前要检查其功能是否正常。

3. 配备灭火器和急救箱

灭火器和急救箱如图 2—1—2 所示。

（1）确保有灭火器并阅读标签，保证在紧急情况下知道怎样使用。

（2）要进行定期检查和保养以保证灭火器能随时使用。

（3）在储存处配备急救箱，并进行定期检查，及时完善药品结构与质量。

4. 使用安全设备

（1）确保所有护罩封盖完好，如果护罩损坏要马上修理。

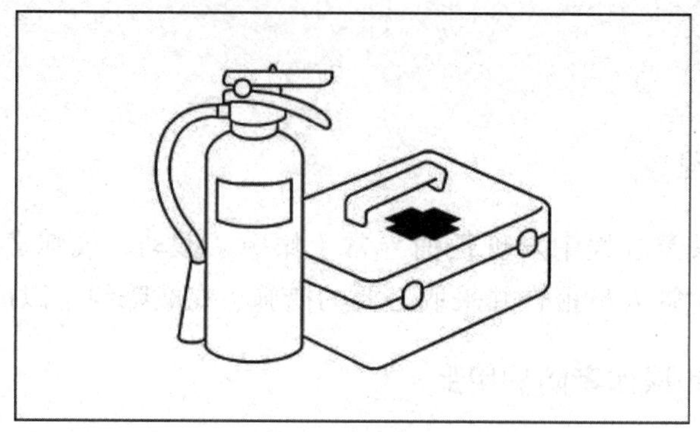

图 2—1—2　灭火器和急救箱

（2）了解安全装置的使用方法并正确使用。

（3）不要拆卸任何安全装置，而且要使它们保持良好的工作状态。

5. 操作座椅

（1）在从操作者座椅站起前，如打开或关上前窗或顶窗时，或拆下或安装底窗时，或调整座椅时，要将工作装置完全降至地面，将安全锁定控制杆牢固地扳到锁定位置，如图 2—1—3 所示，然后关闭发动机；否则，如果意外碰到没有锁定的控制杆，就有机器突然移动并造成重伤或机器损坏的危险。

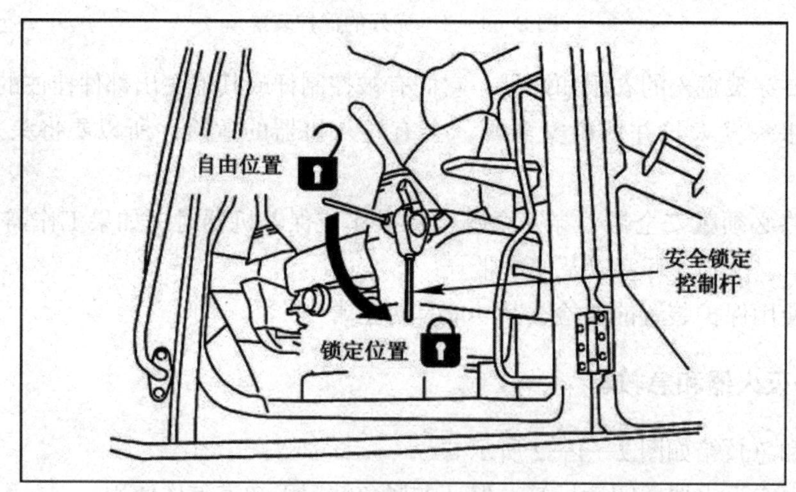

图 2—1—3　安全锁位置

（2）当离开机器时，一定要将工作装置完全降至地面，将安全锁定控制杆牢固地扳到锁定位置，如图 2—1—3 所示，然后关闭发动机。用钥匙锁住所有设备，把钥匙拿下来并放在规定的位置，如图 2—1—4 所示。

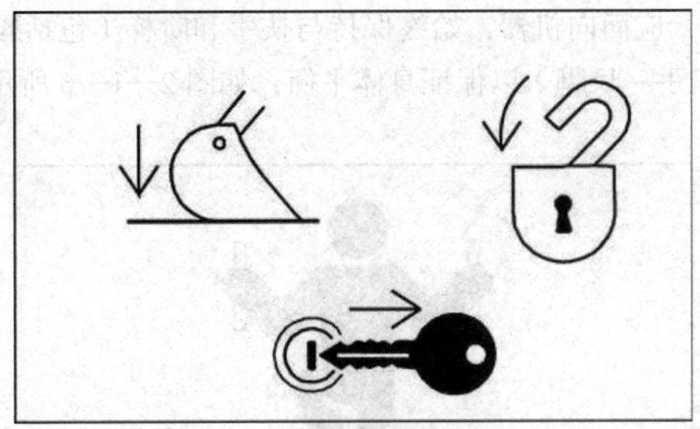

图 2—1—4　工作装置、安全锁、钥匙位置

6. 安全上、下机器

为防止由于打滑或从机器上跌落而造成的人员伤害，要按以下要求去做。

（1）当上、下机器时，要按图 2—1—5 所示箭头使用扶手和阶梯。

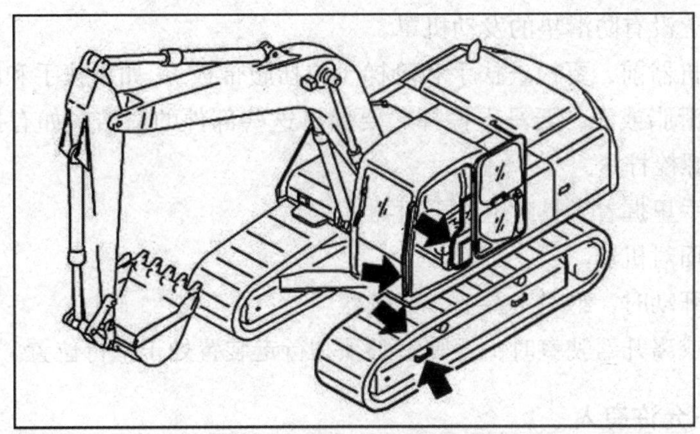

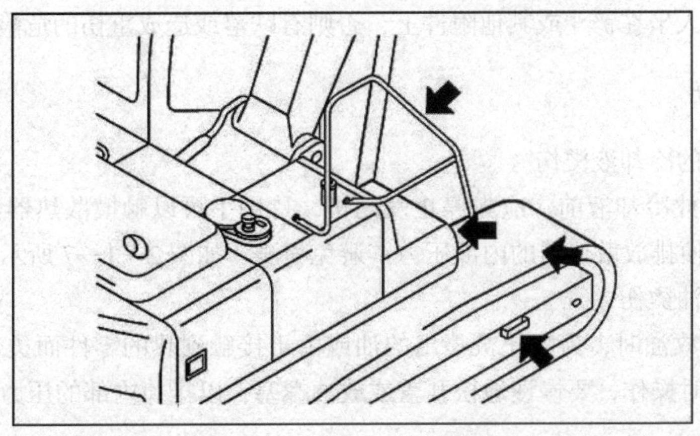

图 2—1—5　上、下机器路线

（2）为保证安全，应面向机器，始终保持与扶手和阶梯（包括履带板）有 3 点接触，（两只脚一只手或两只手一只脚）以保证身体平衡，如图 2—1—6 所示。

图 2—1—6 上、下机器时人的动作

（3）上、下机器时，不要抓、握控制杆。

（4）不要爬上没有防滑垫的发动机罩。

（5）上、下机器前，要检查扶手和阶梯（包括履带板）。如果扶手和阶梯（包括履带板）上有油、润滑脂或泥，要马上擦掉。要保持这些部件的清洁，如有损坏，要进行修理，并将松动的螺栓拧紧。

（6）不要在手里握着工具时上、下机器。

（7）要始终面对机器。

（8）在机器开动时，绝对不要上、下机器。

（9）在登上或离开驾驶室时，驾驶室必须和行走装置处于平行位置。

7. 附件上不允许有人

不要让任何人坐在铲斗或其他附件上，否则有跌落或造成重伤的危险。

8. 防止烫伤

（1）防止热的冷却液烫伤

在检查或排放冷却液前，应先停止发动机，待用手可以触摸散热器盖时，再缓慢卸下散热器盖，以便排放散热器的内部压力，避免喷溅，如图 2—1—7 所示。

（2）防止热油烫伤

当检查或排放油时，为防止被喷出的油或由于接触到热的零件而烫伤，应待用手可以触摸盛油壳体时操作，要慢慢地松开盖或放油螺塞，以排掉内部的压力。

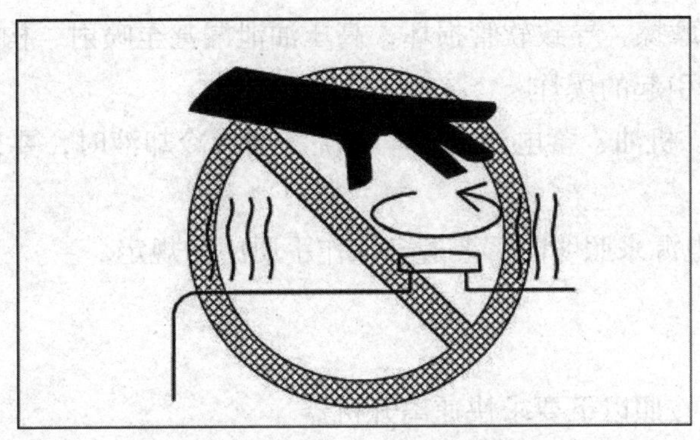

图 2—1—7　热的冷却液烫伤

9. 防火与防爆

（1）由燃油或机油引起的火灾

燃油、机油、冷却液和车窗洗涤液均为非常易燃和危险的，为了防止火灾，一定要遵守下列规定：

1）在燃油或机油附近，不要吸烟或使用任何明火。

2）加油前要关闭发动机。

3）加燃油和机油时不要离开机器。

4）将燃油和机油箱盖牢固地拧紧。

5）不要让燃油溢到过热的表面上或电气系统上。

6）要在通风良好的地方加油或储油。

7）机油或燃油要保存在指定的地方，未经允许任何人不得进入。

8）添加燃油或机油后要擦去溢出的燃油和机油。

9）在下部车体上进行打磨或焊接作业前，要将所有易燃物品移到安全的地方。

10）冲洗部件时要使用不易燃的煤油，柴油和汽油容易着火，因此不要使用它们。

11）将有油的抹布或其他易燃材料放入安全容器中，以保持工作场地安全。

12）不要焊接或用割炬切割含有易燃液体的管路。

（2）由易燃材料的堆积引起的火灾

除去堆积在或黏附在发动机、排气管、消声器、蓄电池周围或机罩内部的干叶片、木片、灰尘或其他易燃物。

（3）由电气系统引起的火灾

1）要保持电路各接头清洁并牢固固定。

2）坚持日查电气系统，要拧紧松脱的接头或电线卡箍，更换损坏的电线。

（4）由液压管路引起的火灾

检查所有软管和管子的卡箍、护罩及缓冲垫是否牢固固定。如有松动，操作过程中会振动并与其他部件摩擦，导致软管损坏，高压油泄漏甚至喷射，构成火灾重大隐患。

（5）由照明设备引起的爆炸

1）当检查燃油、机油、蓄电池液、车窗洗涤剂或冷却液时，要采用具有防爆功能的照明。

2）当用机器的电源来照明时，要遵守操作手册中的规定。

10. 处理火灾

如果发生火灾，按照以下要求快速离开机器。

（1）将起动开关转到"OFF"位置，关闭发动机。

（2）利用扶手和阶梯离开机器。

（3）迅速组织灭火，并根据火险程度适时及时报警。

11. 工作场地的安全

开始操作前要仔细检查工作区域是否有任何异常和危险情况。

（1）在可燃材料如茅草屋顶、干叶或干草附近进行操作时，要注意防火。

（2）根据工作场地的地形和环境，确定最安全的操作方法。不要在有塌方或落石危险的地方进行操作。

（3）如果在工作场地下面埋有水管、气管或各类电缆，要与相关行业部门联系，明确它们的位置，以避免破坏管线，如图 2—1—8 所示。

图 2—1—8 注意工作场地的水管、气管

（4）防止任何未经允许的人员进入工作区域。

（5）在浅水中或松软地面上行走或操作时，要检查岩床的类型和情况以及水的深度和流速。

12. 在疏松的地面上作业

（1）避免在疏松的地面上行走或操作机器，这种区域地面很软，在机器的质量或振动作用下地面会塌陷，机器会有陷落或倾翻的危险。

（2）在堤坝上或挖掘的沟槽附近作业时，存在由于机器质量和振动造成土质塌陷的危险，在开始操作前要采取措施，以保证地面安全并防止机器倾翻或跌落。

13. 不要靠近高压电缆

不要在电缆附近行走或操作机器，会有遭电击、造成重伤或事故的危险，如图 2—1—9 所示。

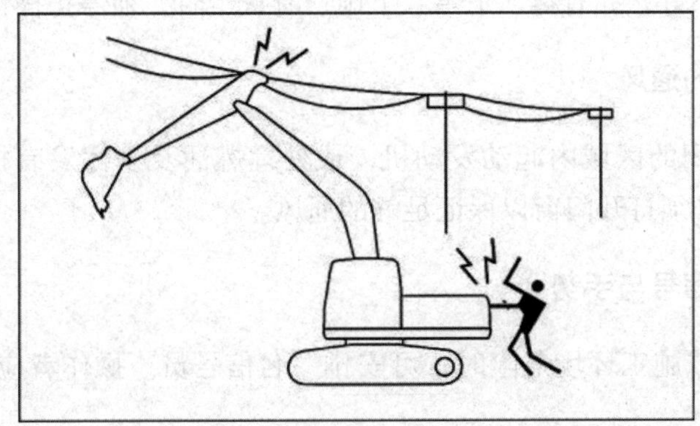

图 2—1—9　高压线危险

在靠近电缆的工作场地要按下列步骤去做：

（1）通知当地电力公司将要进行的作业，并请他们协助采取必要的措施。

（2）施工时，在机器与电缆之间一定要保持一个安全距离，见表 2—1—3。

表 2—1—3　电压及安全距离

	电压（V）	最小安全距离（m）
低压	100 ~ 200	2
	6 600	2
极高压	22 000	3
	66 000	4
	154 000	5
	187 000	6
	275 000	7
	500 000	11

（3）为了对可能发生的意外事故有所准备，要穿上绝缘鞋并戴上橡胶手套。在座椅上铺一层橡胶垫并注意身体的外露部分不要触及下部车体。

（4）如果机器与电缆靠得太近，要有一名信号员指挥并及时发出警告。

（5）当在高压电缆附近作业时，不允许任何人靠近机器。

（6）如果机器与电缆靠得太近或触到电缆，为防止电击，操作者在确定电缆已被切断前不要离开驾驶室。另外，不要让任何人靠近机器。

14. 确保良好的视线

（1）在黑暗的地方作业时，打开装在机器上的工作灯和前照灯，必要时在作业区域内设置辅助照明装置。

（2）如果视线不好，如有雾、下雪、下雨、有灰尘时，须停止操作。

15. 封闭区域的通风

如果必须在封闭的区域内起动发动机，或处理燃油及易挥发有机液体、粉尘等时，为防止气体中毒，必须打开门窗以保证足够的通风。

16. 信号员的信号与手势

（1）视线不好或施工环境危险时，可安排一名信号员。操作者应特别注意标识，并听从信号员的指挥。

（2）只能由同一名信号员发出信号。

（3）确保现场人员明白信号和手势的含义。

三、常用行走手势信号

挖掘机常用行走手势信号见表2—1—4。

表2—1—4　　　　挖掘机常用行走手势信号

序号	手势	手势名称	动作说明
1		安全	将手掌朝向前进方向，前后摆动

续表

序号	手势	手势名称	动作说明
2		向左进	将右手掌朝向左方，横向摆动
3		向右进	将左手掌朝向右方，横向摆动
4		紧急停止	将两手向上张开、高举，快速地左右大幅摆动
5		停止	将手掌朝向挖掘机操作者，举起不动
6		向右稍（慢）靠	将右手举起不动，左右小幅摆动左手
7		向左稍（慢）靠	将左手举起不动，左右小幅摆动右手

续表

序号	手势	手势名称	动作说明
8		稍微（慢慢）前进	将左手掌向挖掘机操作者举起不动，右手掌朝向前进方向前后摆动
9		稍微（慢慢）后退	将左手掌向挖掘机操作者举起不动，右手掌朝向后退方向前后摆动
10		慢慢或稍微靠一边	将一只手向前进方向举起不动，用另一只手小幅摆动来表示靠近动作

四、常用作业手势信号

挖掘机常用作业手势信号见表 2—1—5。

表 2—1—5　挖掘机常用作业手势信号

序号	手势	手势名称	动作说明
1		呼叫	单手高举
2		上升	单手高举，手臂水平伸直，掌心向上摆动

续表

序号	手势	手势名称	动作说明
3		下降	手臂水平伸直，掌心向下摆动
4		位置指示	用手指指示出尽可能近的位置
5		微动	用食指指挥，其动作与上升、下降、水平移动的信号一致
6		翻转	两手臂水平伸直，朝向翻转方向转动
7		水平移动	手臂水平伸直，掌心向移动方向多次摆动（含行走、横行、回转）
8		臂的伸缩	先把拳头放在头上，若是伸臂，拇指向斜上方挥动；若是缩臂，拇指向斜下方挥动
9		抬臂	拇指向上，其他手指握紧，向上挥动
10		降臂	拇指向下，其他手指握紧，向下挥动

续表

序号	手势	手势名称	动作说明
11		停止	将手掌朝向驾驶员，举起不动
12		紧急停止	将两手向上张开高举，快速地左右大幅摆动并向下挥动
13		作业完毕	行举手礼

复习思考题

1. 挖掘机在疏松的地面上如何作业？
2. 简述安全上、下机器的步骤。
3. 对工作服和操作者防护用品的基本要求有哪些？
4. 如果挖掘机将进入可能靠近电缆的工作场地，应如何保证挖掘机安全地工作？

课题2 挖掘机仪表及辅助功能的操作

学习目标

1. 熟悉挖掘机仪表的符号和功用。
2. 掌握挖掘机监控器的功能及操作方法。
3. 掌握挖掘机驾驶室座椅的调整方法。
4. 掌握挖掘机驾驶室窗户的开关方法。
5. 掌握挖掘机空调控制和收音机的使用方法。

一、驾驶室内的仪表 / 开关

1. 仪表 / 开关的组成

挖掘机驾驶室内仪表 / 开关布置如图 2—2—1 所示，其各位置的名称及其功能见表 2—2—1。

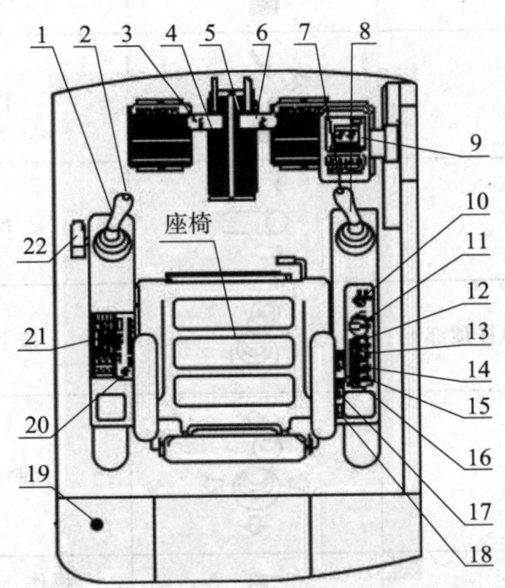

图 2—2—1　挖掘机驾驶室内仪表 / 开关布置

1—左操纵杆　2—喇叭开关（位于左操纵杆顶部）　3—左行走操纵杆　4—左行走踏板　5—右行走踏板　6—右行走操纵杆　7—增力开关（位于右操纵杆顶部）　8—右操纵杆　9—监控器　10—发动机起动开关　11—发动机转速旋钮　12—臂灯开关　13—工作灯开关　14—刮水器开关　15—洗涤器开关　16—行走报警消声开关（选配）　17—翻页开关（电控发动机有）　18—诊断开关（电控发动机有）　19—点烟器　20—收音机　21—空调控制器　22—安全锁定杆标识

2. 仪表 / 开关的功能

表 2—2—1　　挖掘机驾驶室内仪表 / 开关符号及功能

序号	名称	表示符号	功能
1	左操纵杆		控制斗杆伸出、转入和上车回转
2	喇叭开关（位于左操纵杆顶部）		按下，控制喇叭鸣响

续表

序号	名称	表示符号	功能
3	左行走操纵杆		控制左侧履带前进和后退
4	左行走踏板		控制左侧履带前进和后退
5	右行走踏板		控制右侧履带前进和后退
6	右行走操纵杆		控制右侧履带前进和后退
7	增力开关（位于右操纵杆顶部）		按下，短时可获得最大挖掘力
8	右操纵杆		控制动臂升降及铲斗挖掘、卸料
9	监控器	略	操作、显示及报警（详见后面介绍）
10	发动机起动开关	OFF ON START	控制发动机起动、运转及停止
11	发动机转速旋钮	L H	调节发动机转速
12	臂灯开关		控制动臂工作灯
13	工作灯开关		控制右侧工作灯
14	刮水器开关		控制驾驶室前窗刮水器
15	洗涤器开关		控制驾驶室前窗洗涤器
16	行走报警消声开关（选配）		取消行走报警器鸣叫

续表

序号	名称	表示符号	功能
17	翻页开关（电控发动机有）	ENGJNE DJAG.	发动机故障诊断的翻页开关
18	诊断开关（电控发动机有）	ENGJNE AULT	发动机故障的诊断开关
19	点烟器	略	点烟、24V 备用电源
20	收音机		收听广播
21	空调控制器		空调控制
22	安全锁定杆标识		液压先导油控制

3. 仪表 / 开关的操作

（1）仪表 / 开关的操作位置

挖掘机驾驶室内仪表 / 开关的操作位置如图 2—2—2 所示。

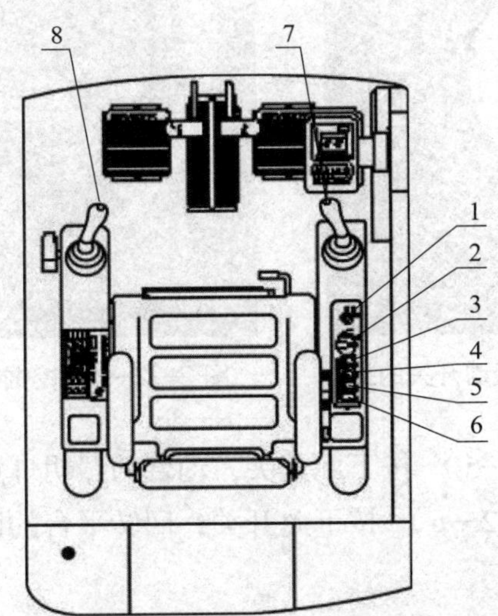

图 2—2—2　挖掘机驾驶室内仪表 / 开关的操作位置

1—发动机起动开关　2—发动机转速旋钮　3—臂灯开关　4—工作灯开关　5—刮水器开关　6—洗涤器开关　7—增力开关　8—喇叭开关

（2）仪表 / 开关的操作方法

1）发动机起动开关的操作（图 2—2—3）。此开关用于起动或关闭发动机。

① OFF（关闭）位置。在此位置上，可插入或拔出钥匙，此时，除驾驶室灯和时钟外，电气系统的所有开关关闭，发动机停机。

② ON（接通）位置。接通充电和照明电路，发动机运转时须使起动开关钥匙保持在“ON”位置。

③ START（起动）位置。这是发动机起动位置。起动发动机时，将钥匙保留在这个位置。发动机起动后应立即松开钥匙，钥匙会自动回到“ON”位置。

④ HEAT（预热）位置。冬季起动发动机前，应先将钥匙转到这个位置，有利于起动发动机。钥匙置于“HEAT”位置时，预热监测灯亮。将钥匙保持在这个位置，直到监测灯闪烁后熄灭，此时立刻松开钥匙，钥匙会自动地回到“OFF”位置。然后把钥匙转到“START”位置，起动发动机。

2）发动机转速旋钮（图 2—2—4）。发动机转速旋钮用于控制发动机转速和输出。

① MIN：低怠速位置。旋钮逆时针转到底。

② MAX：高怠速位置。旋钮顺时针转到底。

图 2—2—3 挖掘机发动机起动开关的操作

图 2—2—4 挖掘机发动机转速旋钮的操作

3）臂灯开关（图 2—2—5）。按下此开关，动臂的照明灯点亮。

4）工作灯开关（图 2—2—6）。按下此开关，回转平台的照明灯点亮，同时驾驶室内所有开关的背景灯亮。

5）刮水器开关（图 2—2—7）。按一下开关，前玻璃的刮水器低速连续摆动；再按一下开关，前玻璃的刮水器高速连续摆动。开关回到零位后刮水器复位。

6）洗涤器开关（图 2—2—8）。持续地按下开关，车窗洗涤液喷在前玻璃上，当松开此开关时，喷射停止。

图 2—2—5　臂灯开关的操作

图 2—2—6　工作灯开关的操作

图 2—2—7　刮水器开关的操作

图 2—2—8　洗涤器开关的操作

7）增力开关（图 2—2—9）。增力开关是位于右操纵杆顶部上的按钮开关，用于起动增力。只要按下（咔嗒声）此开关并按住，即可提高液压系统压力，起到增大挖掘机输出动力，提高挖掘力的目的。但作用时间最长不要超过 8 s，以防破坏液压系统。

8）喇叭开关（图 2—2—10）。当按下位于左操纵杆顶端的喇叭开关按钮时，喇叭鸣响。

图 2—2—9　增力开关的操作

图 2—2—10　喇叭开关的操作

二、挖掘机监控器的使用

1. 监控器的界面

监控器是用来监测挖掘机状态的一种设备，它的外观如图 2—2—11 所示，图中符号的名称及功能含义见表 2—2—2。

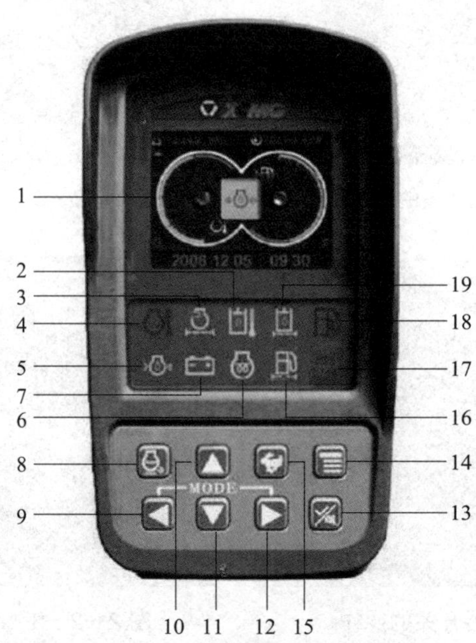

图 2—2—11　监控器主屏显示界面

1—主屏显示界面　2—液压油油温报警　3—空气滤清器堵塞报警　4—发动机冷却液温度高报警　5—机油压力报警　6—发动机预热指示　7—充电报警　8—怠速键　9—工作模式选择键　10—上键（增）　11—下键（减）　12—工作模式选择键　13—消声 / 确认键　14—菜单 / 换屏键　15—行走快速 / 慢速键　16—燃油滤清器堵塞报警　17—故障指示　18—燃油油位报警　19—先导液压油滤清器堵塞报警

2. 监控器的功能

表 2—2—2　　监控器图示符号列表

序号	名称	表示符号	功能
1	主屏显示界面	略	屏幕显示或主菜单目录
2	液压油油温报警		指示灯亮时显示液压油油温高
3	空气滤清器堵塞报警		指示灯亮时显示空气滤清器堵塞

续表

序号	名称	表示符号	功能
4	发动机冷却液温度高报警		指示灯亮时显示发动机冷却液温度高
5	机油压力报警		指示灯亮时显示发动机机油压力低
6	发动机预热指示		指示灯亮时示发动机正进行预热
7	充电报警		指示灯亮时显示发动机充电异常
8	怠速键	AUTO n/min	开机后默认为自动怠速，按下此键自动怠速取消，再次按此键后，自动怠速恢复
9	工作模式选择键		当机器起动时为 S 模式，每按一次，按 S → H → B → L → S 模式循环选择
10	上键（增）		进入主菜单目录，按下时光标向上移动一次
11	下键（减）		进入主菜单目录，按下时光标向下移动一次
12	工作模式选择键		当机器起动时为 S 模式，每按一次，按 S → L → B → H → S 模式循环选择
13	消声 / 确认键		按下时，报警警告声音停止； 进入主菜单时为光标栏确认
14	菜单 / 换屏键		每按一次，显示界面按主菜单→图表→主菜单循环选择
15	行走快速 / 慢速键		每按一次，行走方式按快速→慢速→快速循环选择
16	燃油滤清器堵塞报警		指示灯亮时显示燃油滤清器堵塞
17	故障指示	ESS DIAG.	ESS（控制器故障诊断）故障指示
18	燃油油位报警		指示灯亮时显示燃油油位低
19	先导液压油滤清器堵塞报警		指示灯亮时显示先导液压油滤清器堵塞

3. 监控器的操作

（1）监控器功能说明

1）起动开关旋至“ON”时，仪表内部参数初始化，3 s 后切换的工作界面如图2—2—12 所示。

2）起动开关旋至“ON”起动发动机后，仪表工作界面如图 2—2—13 所示。

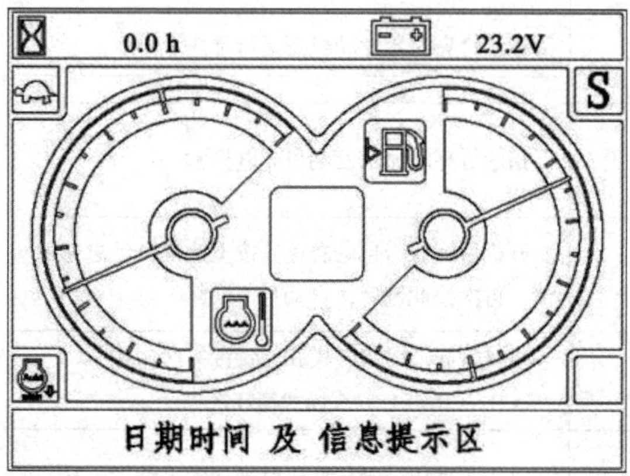

图 2—2—12 主屏显示界面初始化后的工作界面

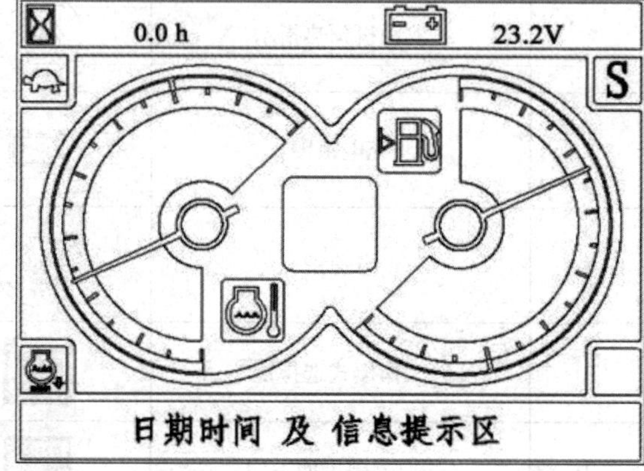

图 2—2—13 起动发动机后的仪表工作界面

（2）主菜单的操作说明

1）按下菜单键，仪表显示为主菜单界面，如图 2—2—14 所示。“主菜单”界面包括使用信息、详细信息、主机信息三项。

2）在“主菜单”界面，选择“使用信息”栏，按确认键，仪表显示使用信息菜单，如图 2—2—15 所示。“使用信息”界面包括机器运行信息、维护信息、机器信息三项。

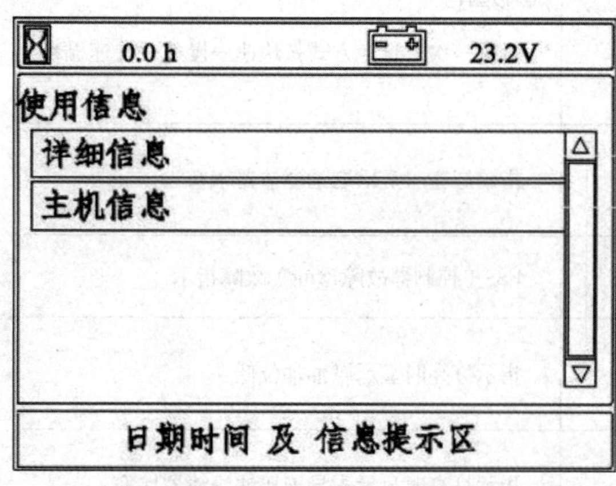

图 2—2—14 “主菜单”界面

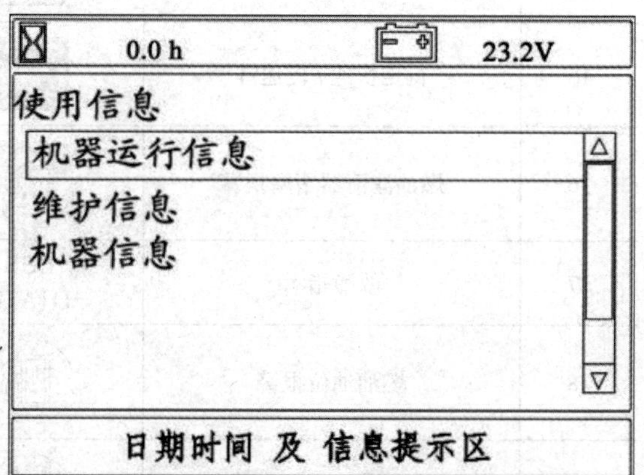

图 2—2—15 “使用信息”界面

3）选择“机器运行信息”栏，按确认键，仪表显示机器运行信息，如图 2—2—16 所示，显示整机模拟量及开关量的实时值和状态。

4）选择“维护信息”栏，按确认键，仪表显示维护信息，如图 2—2—17 所示。按左右键可查看 8 h、250 h、500 h、1 000 h 及 2 000 h 的定期维护信息。

0.0 h　23.2V
电源电压　26.1 V　正常
冷却液温　40.0℃　正常
燃油量　60%　正常
机油压力报警　报警
液压油油温　正常
日期时间 及 信息提示区

图 2—2—16 “机器运行信息”界面

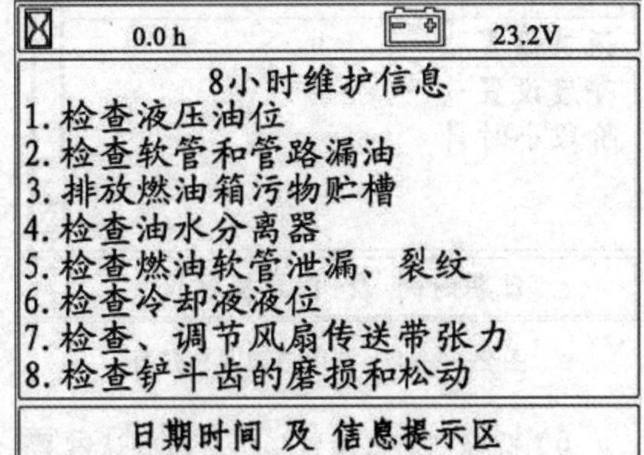

图 2—2—17 机器“维护信息”界面

5）选择“机器信息”栏，按确认键，仪表显示机器信息，如图 2—2—18 所示，“机器信息”界面包括仪表信息、主机信息两项。

6）选择“仪表信息”栏，按确认键，仪表显示仪表信息，如图 2—2—19 所示。“仪表信息”界面可查看仪表的相关信息。

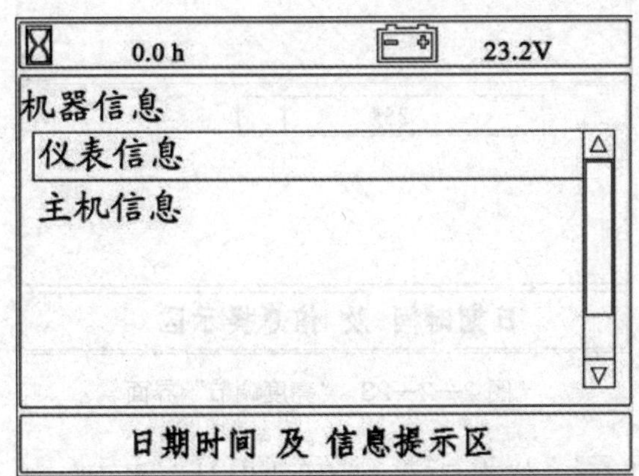

图 2—2—18 “机器信息”界面

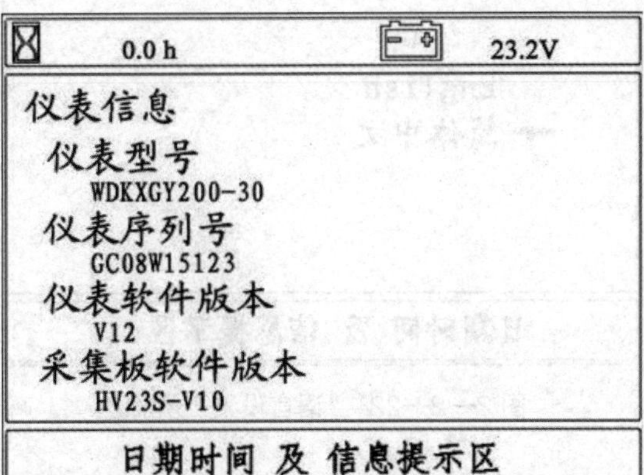

图 2—2—19 “仪表信息”界面

7）在主菜单界面，选择“用户管理”栏，按确认键，仪表显示用户管理界面，如图 2—2—20 所示。“用户管理”界面包括时钟调节、语言设置、亮度设置、阶段小时计四项。

8）选择“时钟调节”栏，按确认键，仪表显示“时钟调节”界面，如图 2—2—21

所示，该界面可设置仪表的日期及时间。

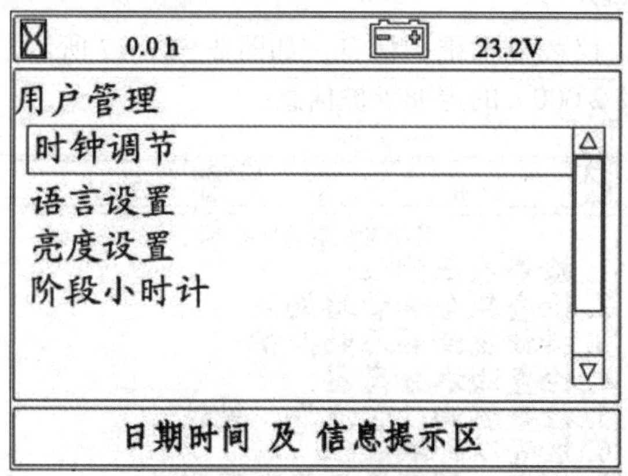

图 2—2—20 “用户管理”界面

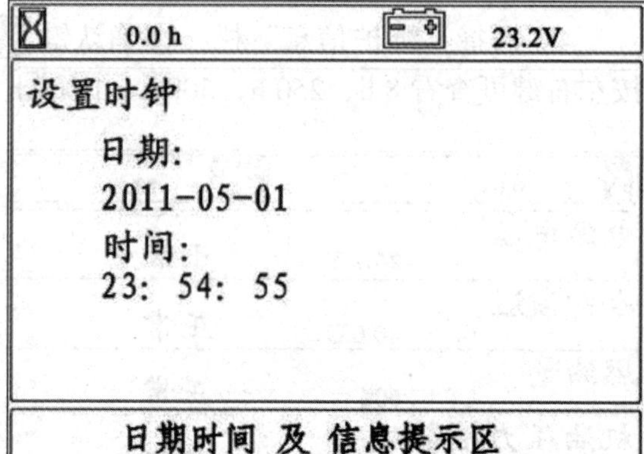

图 2—2—21 “时钟调节”界面

9）选择“语言设置”栏，按确认键，仪表显示“语言设置”界面，如图 2—2—22 所示，该界面可切换中、英文语言。

10）选择“亮度设置”栏，按确认键，仪表显示“亮度设置”界面，如图 2—2—23 所示。按上键、下键粗调，按左键、右键微调。

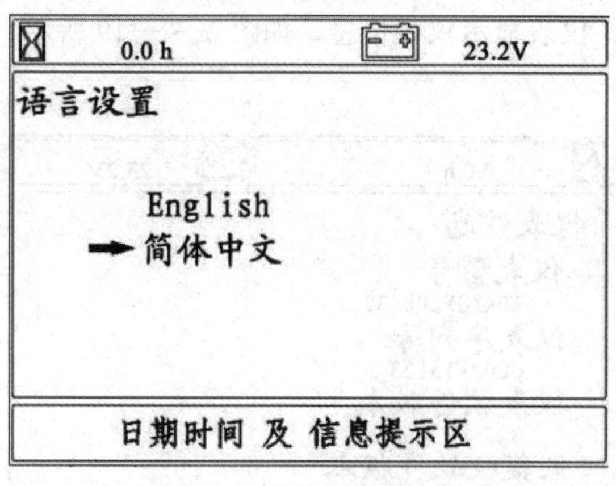

图 2—2—22 “语言设置”界面

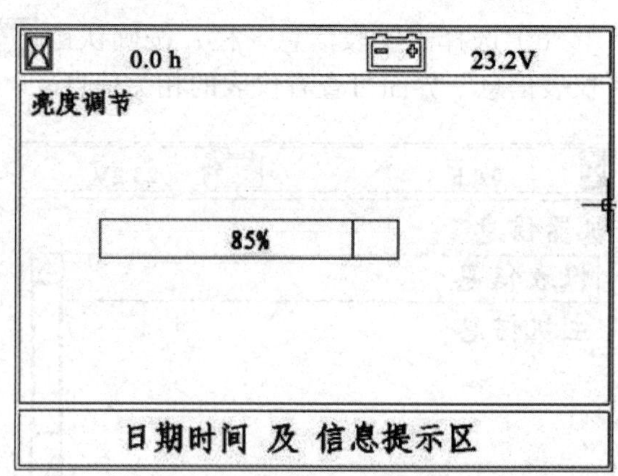

图 2—2—23 “亮度调节”界面

11）选择“阶段小时计”栏，按确认键，仪表显示“阶段小时计”界面，如图 2—2—24 所示。该界面可查看当前阶段小时计的状态（清零或启用），也可查看当前阶段小时计的值。可通过上键、下键选择“启用阶段小时计”或“清零阶段小时计”。

12）在主菜单界面，选择“主机信息”栏，按确认键，仪表显示“输入密码”界面，如图 2—2—25 所示。按上键、下键增减数字，按左键、右键切换输入位置；正确输入主机管理密码后，仪表显示主机信息菜单。

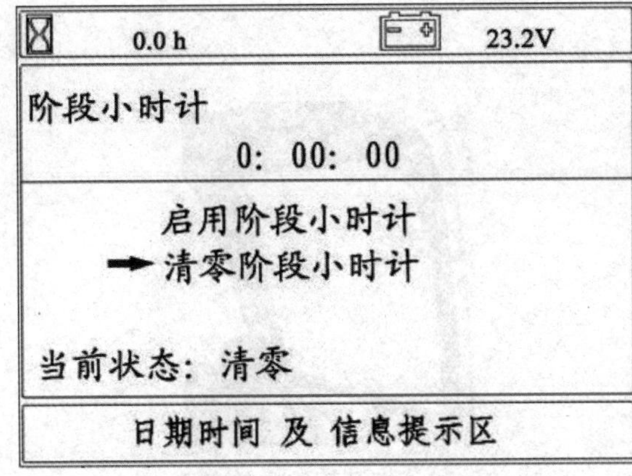

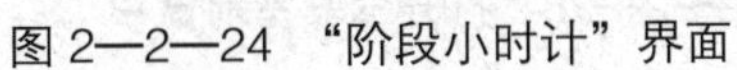
图 2—2—24 “阶段小时计”界面

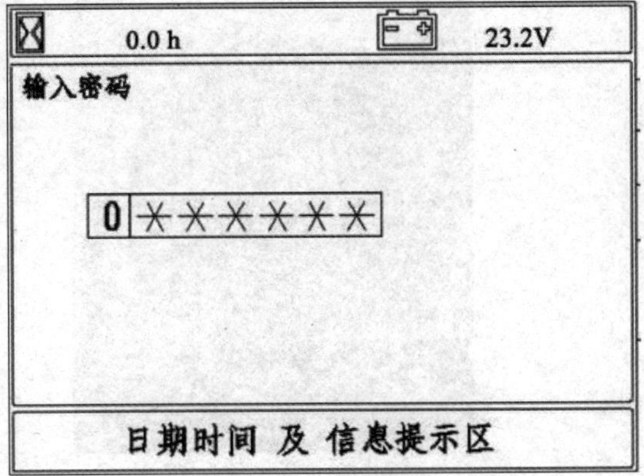

图 2—2—25 “输入密码”界面

三、驾驶室座椅的调整

挖掘机驾驶室座椅的调整如图 2—2—26 所示。

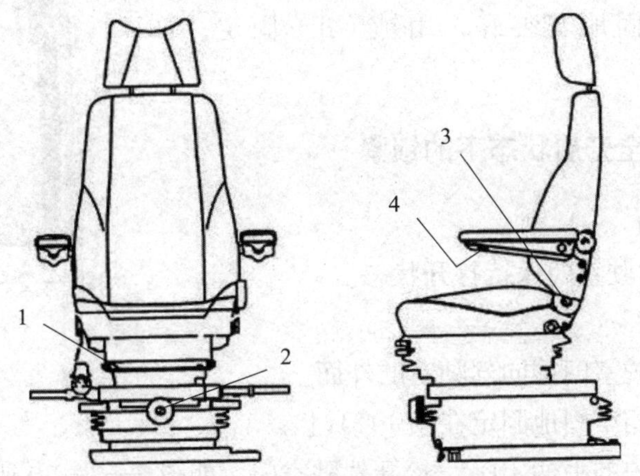

图 2—2—26　挖掘机驾驶室座椅的调整

1—前后调节　2—体重调节　3—靠背倾角调节　4—扶手角度调节

四、驾驶室窗户的开和关

挖掘机驾驶室窗户如图 2—2—27 所示。

1. 驾驶室前窗户的打开

（1）把工作装置放到地面上，然后关闭发动机。

（2）握住两个把手（A），如图 2—2—28 所示，向外推开前窗户。

（3）拉开窗户后立即将其放在锁紧位置上。

图 2—2—27　驾驶室窗户

图 2—2—28　打开驾驶室前窗户

2. 驾驶室前窗户的关闭

（1）把工作装置放到地面上，然后关闭发动机。

（2）握住两个把手（A），向内关闭窗户。

（3）把窗户牢固地安装好，用锁（B）固定，如图 2—2—29 所示。

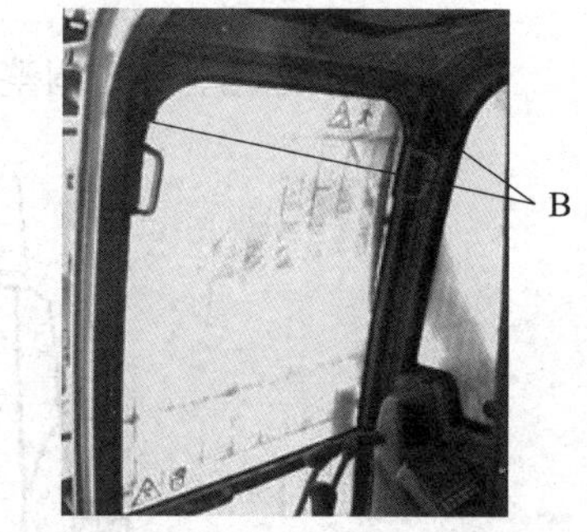

图 2—2—29　关闭驾驶室前窗户

3. 驾驶室门完全开启状态下的锁紧

（1）锁紧的目的

用于操作者使驾驶室门保持打开状态。

（2）锁紧的步骤

1）操作者将驾驶室门推向驾驶室的外面。

2）保证驾驶室门牢固地固定在锁（C）上。

3）按下驾驶室内的手柄（D），松开驾驶室门，如图 2—2—30 所示。

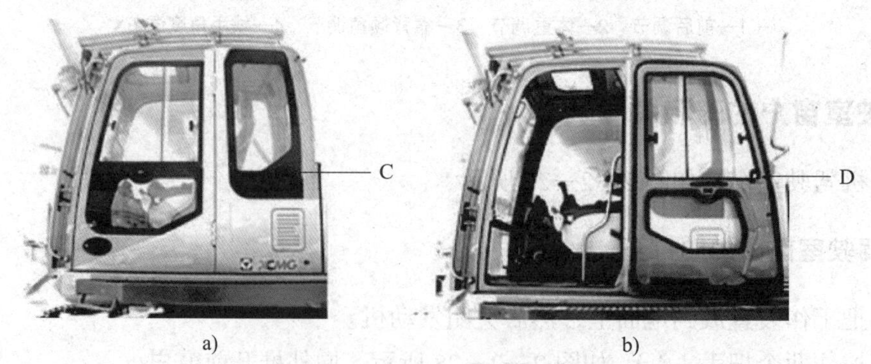

图 2—2—30　驾驶室门完全开启状态下的锁紧

a）锁 C 的位置　b）手柄 D 的位置

4. 紧急出口

驾驶室有两个紧急出口，分别为门和后窗，如图 2—2—31 所示。不管后窗是固定式还是滑动式，均应使用驾驶室内挂在后侧的逃生锤把玻璃打破。

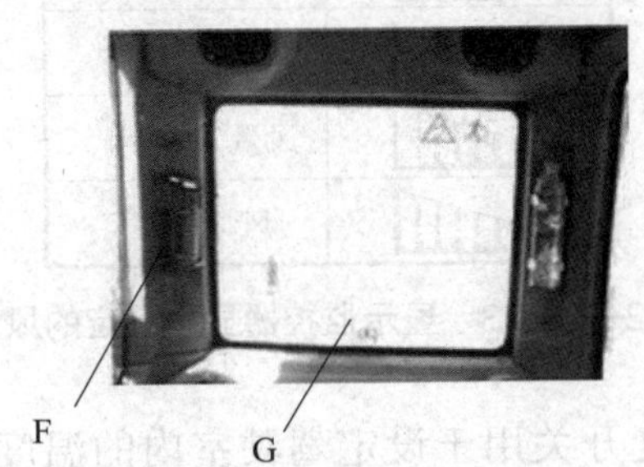

图 2—2—31　紧急出口
F—逃生锤　G—后窗

五、空调及收音机的使用

1. 空调的使用

（1）空调控制面板

空调控制面板如图 2—2—32 所示。

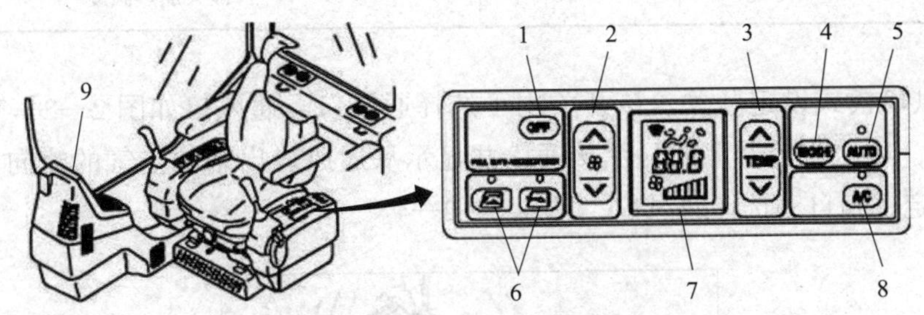

图 2—2—32　空调控制面板
1—“OFF”开关　2—风扇转速设定开关　3—温度设定开关　4—出风口模式设定开关
5—自动模式设定开关　6—内外空气切换开关　7—显示监控器　8—空调器开关　9—阳光传感器

（2）各控制键的功能

1）“OFF”开关。用于关闭风扇和空调器。按下此按钮后，显示监控器上显示的设定温度和风量、自动模式设定开关上方的灯和空调器开关都关闭。

2）风扇转速设定开关。该开关用于调节风量。风量有 6 级调节，按“∧”开关增加风量，按“∨”开关减少风量；自动模式操作时，风量自动调节；显示监控器显示设定的风量，如图 2—2—33 所示。

液晶显示	风量
	风量“低”
	风量“中等1”
	风量“中等2”
	风量“中等3”
	风量“中等4”
	风量“高”

图 2—2—33 显示监控器显示设定的风量

3）温度设定开关。温度开关用于设定驾驶室内的温度。可在 18 ~ 32℃调节温度；按下“∧”开关，设定温度上升，按下“∨”开关，设定温度降低；通常将温度设定为 25℃，温度调节每级增减 0.5℃，见表 2—2—3。

表 2—2—3　　温度设定显示监控器

监控器显示（℃）	调节温度
18.0	最大冷却温度
8.5 ~ 31.5	在驾驶室内将温度调到设定温度
32.0	最大加热温度

4）出风口模式设定开关。该开关用于选择通风口，通风口如图 2—2—34 所示。按下该开关时，显示监控器上的显示接通，并显示从通风口出来的空气的流向。如果选择自动模式设定，则自动选择通风口，见表 2—2—4。

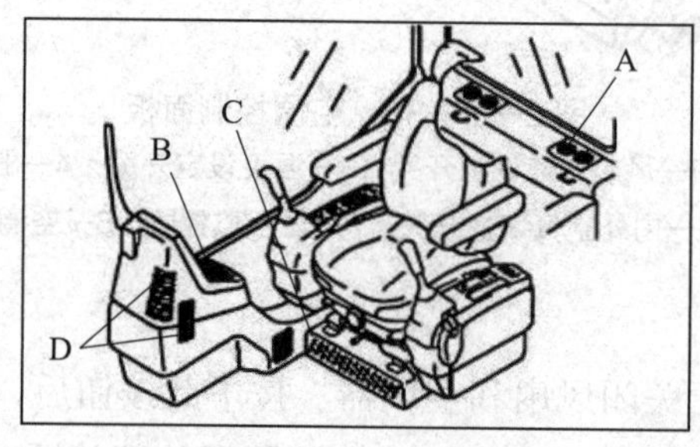

图 2—2—34 通风口

A—后通风口 B—正面通风口 C—脚通风口 D—除霜通风口

表 2—2—4　**出风口模式液晶显示**

液晶显示	通风口形式	通风口				备注
		A	B	C	D	
	从前面吹出		○			自动模式不能选择
	从前面和后面吹出	○	○			
	从前面、后面及脚底吹出	○	○	○		
	从脚底吹出			○		
	从脚底及除霜口吹出			○	○	自动模式不能选择
	从除霜口吹出				○	自动模式不能选择

5）自动模式设定开关。可根据设定温度自动选取风量、风口和内外气切换。

①按下自动模式设定开关时，自动开关顶部的灯会亮。

②按下自动模式设定开关，然后用温度设定开关去设定温度，空调就会自动运转。

③当从自动模式设定转换到手动设定时，只要使用各开关重新设定送风量、出风口和内外气切换模式，采用手动设定时，自动模式设定开关顶部的灯灭。

6）内外气切换开关。内外气切换开关可用于接通驾驶室内空气循环与外部空气进口之间的气源。

按下内外气切换开关，开关顶部的灯亮，表示空气已被吹出。自动模式操作时，内部空气（循环）和外部空气（新鲜）自动选择。

7）显示监控器。显示监控器可显示空调运转时的设定温度、送风量和出风口的状态。

按下“OFF”开关时，设定温度、送风量和出风口的状态显示消失，空调停止运转。

8）空调器开关。空调器开关用于控制空调器（冷却、除湿、加热）动作（ON）或停上（OFF）。

①按下空调器开关，空调器启动，空调器开关顶部灯亮。

②再按一下空调器开关，空调器关闭，空调器开关顶部的灯关闭。

③风扇停止时，空调器无法启动。

9）阳光传感器。传感器自动调节通风口的风量与太阳光的强度相匹配，还能通过太阳光线强度的变化探测驾驶室内温度的变化，并自动调节温度。

2. 收音机的使用

收音机控制面板如图 2—2—35 所示。

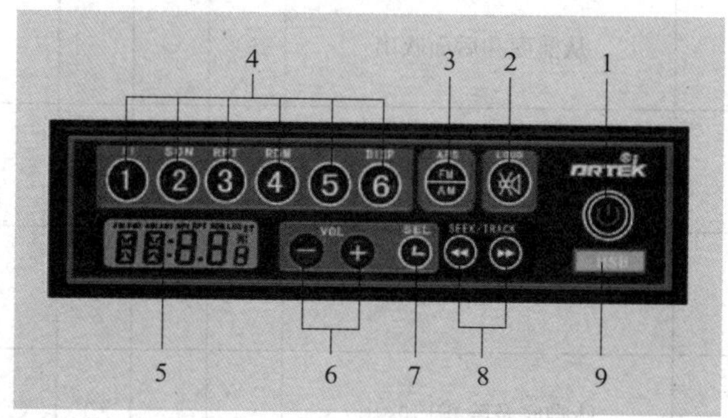

图 2—2—35　收音机控制面板

1—电源 / 模式转换键　2—静音 / 等响度键　3—波段 / 自动存台键　4—预置电台键　5—显示屏
6—VOL+/—音量调节键　7—SEL 音效 / 时钟设置键　8—◀◀ / ▶▶电台搜索及 MP3 选曲键
9—USB 接口

六、技能操作

1. 驾驶室仪表 / 开关的操作

序号	实施项目	示意图	操作要求
1	驾驶室内布置认知	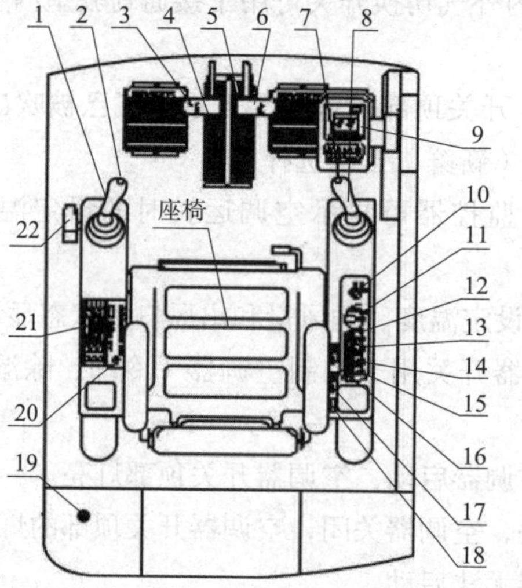 1 2 3 4 5 6 7 8 9 10 11 12 13 14 15 16 17 18 19 20 21 22 座椅	要求能认知驾驶室内布置的名称，并能说出其功能

续表

序号	实施项目	示意图	操作要求
2	开关操作	8 7 1 2 3 4 5 6	能正确控制开关进行操作

2. 辅助功能的操作

序号	实施项目	示意图	实施要求
1	监控器认知	1 2 3 4 5 7 6 8 9 10 11 12 15 13 14 16 17 18 19 MODE	认知图中各序号所指符号的名称及其功能

续表

序号	实施项目	示意图	实施要求
2	主屏显示界面操作	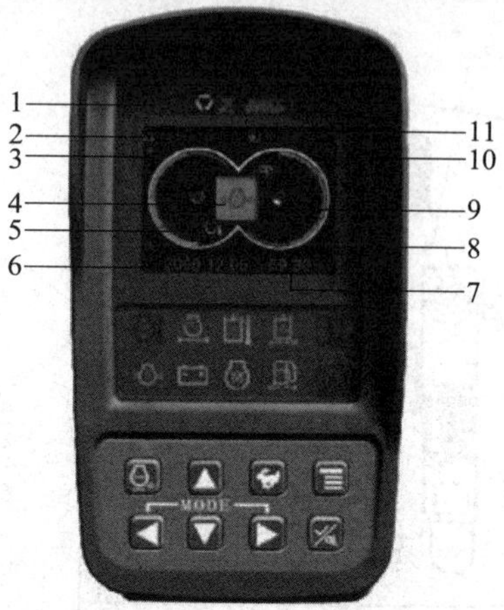1 2 3 4 5 6 7 8 9 10 11 MODE	认知图示序号的名称及功能，并对监控器进行查看信息操作
3	空调器控制操作	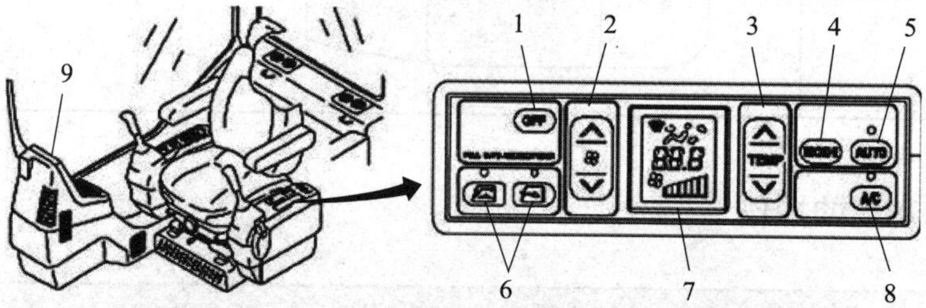1 2 3 4 5 6 7 8 9 OFF TEMP MODE AUTO A/C	能对空调器进行正确操作
4	收音机操作	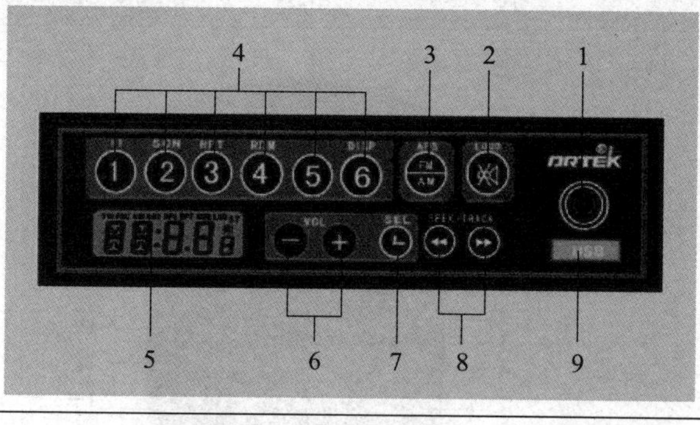1 2 3 4 5 6 7 8 9 VOL SEL FM AM	能对收音机进行正确操作
5	座椅操作	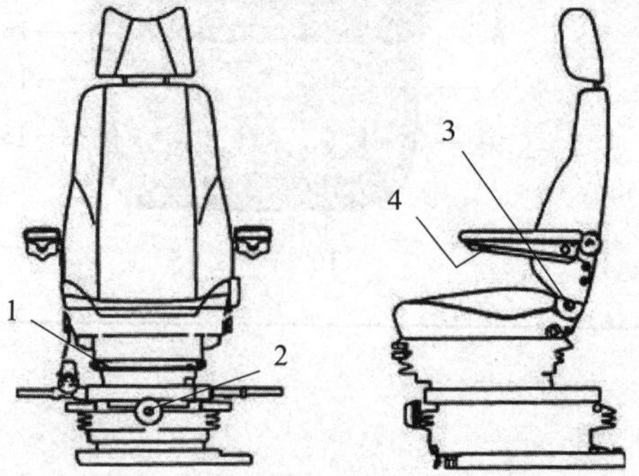1 2 3 4	能对座椅进行正确的操作，并将其调节到自己合适的位置

续表

序号	实施项目	示意图	实施要求
6	驾驶室窗户操作		能正确打开和关闭驾驶室窗户

复习思考题

1. 简述挖掘机左、右操纵杆的功用。
2. 简述挖掘机左、右行走踏板的功用。
3. 简述铲斗与斗杆复合挖掘的操作注意事项。
4. 简述挖掘机空调器使用时的注意事项。
5. 简述挖掘机发动机起动开关各位置的功能。

课题 3　挖掘机的基本操作

学习目标

1. 掌握挖掘机的起动操作。
2. 掌握挖掘机日常作业前后的熄火操作。
3. 掌握挖掘机工作装置的单一动作操作。
4. 掌握挖掘机挖掘、运土、卸土等主要操作。

一、挖掘机的起动操作

1. 发动机起动前的车辆巡检

（1）外围的巡检

1）检查工作装置、车架。对动臂、上车架、下车架等工作装置进行焊缝检查，确认其是否有裂纹；对动臂连接部位的销子的装配和紧固性进行检查，检查其是否丢失、松动或有损坏，并进行必要的修理，如图 2—3—1 所示。

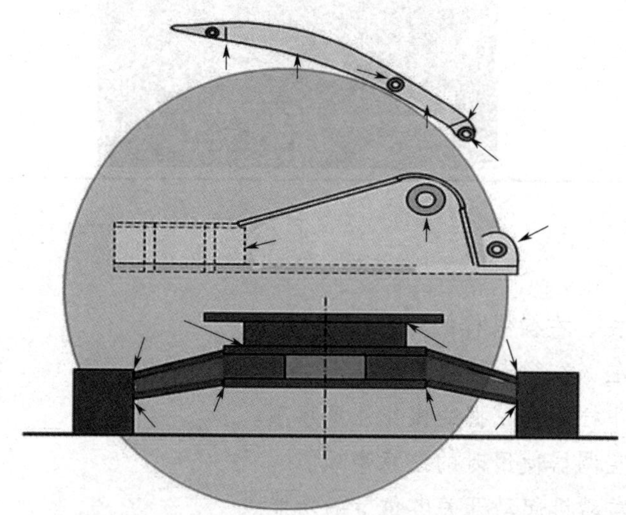

图 2—3—1　工作装置、车架的检查

2）清除车体上的存留杂物。检查并清除车体和驾驶室内的存留杂物，如零件、棉纱、工具等，严禁有易燃易爆物品，如图 2—3—2 所示。

图 2—3—2　清除车体上的存留杂物

3）检查柴油、机油、冷却液是否有渗漏现象。观察柴油箱、机油箱，检查其是否有渗漏，如出现渗漏应进行返修；检查水箱是否有渗漏并及时修理，如图 2—3—3 所示。

4）检查液压油箱、管路、接头是否有渗漏。检查液压油箱、管路、接头是否有渗漏现象，如动臂缸、铲斗缸等，如有渗漏及时查出原因并进行修理，如图 2—3—3 所示。

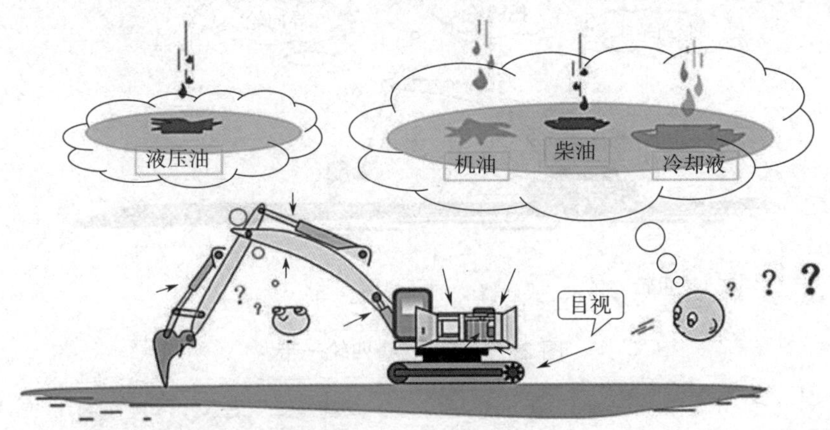

图 2—3—3　流体类渗漏检查

5）检查冷却液、柴油、机油和液压油液位是否达标。对冷却液、柴油、机油和液压油液位是否达标进行检查，如液位不在指定位置应及时加注油液，有些新品看不到液压油、柴油液位，是因为其采用电子方式检测以达到标准要求，如图 2—3—4 所示。

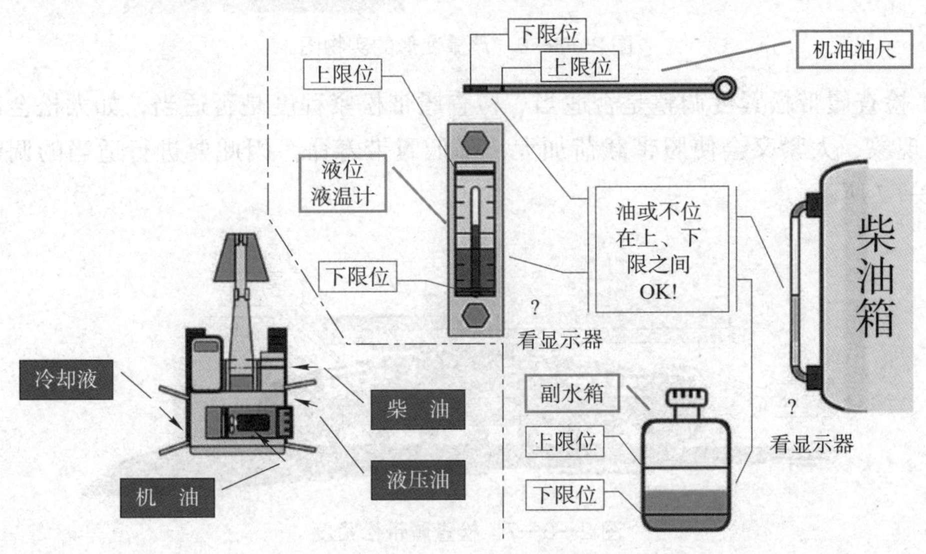

图 2—3—4　各种流体位置

6）检查四轮一带、夹轨器是否有严重磨损、变形和损坏。检查四轮一带（驱动轮、托链轮、导向轮、支重轮和履带总成）是否有严重磨损、变形和损坏，如出现磨损、变形和损坏现象必须进行维修和更换，如图 2—3—5 所示。变形的支重轮和夹轨器（图 2—3—6）要及时进行更换。

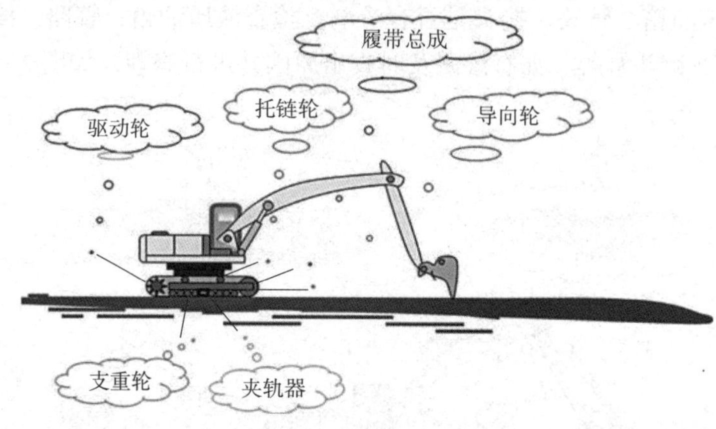

图 2—3—5 检查四轮一带

图 2—3—6 严重变形的实物图

7）检查履带松紧度调整是否适当。检查履带松紧程度是否适当，如太松会出现履带松脱现象，太紧又会使履带载荷加大，降低履带寿命。因此要进行适当的调整，如图 2—3—7 所示。

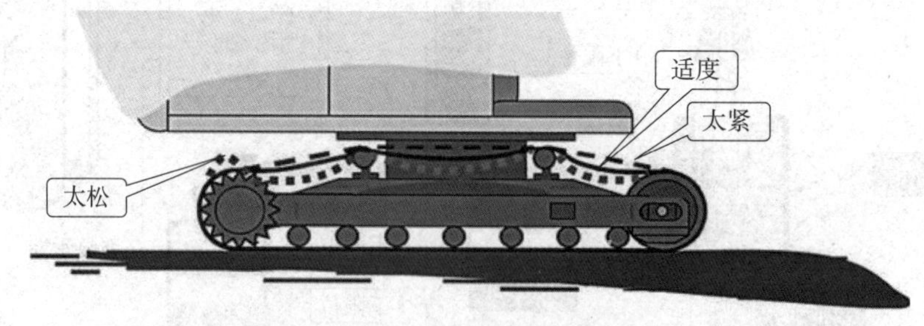

图 2—3—7 检查履带松紧度

8）检查主要部件及覆盖件连接是否紧固。进行回转支承、回转减速机总成、液压泵、发动机、配重、行走减速机总成及覆盖件等主要部件连接紧固性的检查，发现拧紧力矩达不到要求应及时用专业工具拧紧达到要求，如图 2—3—8 所示。

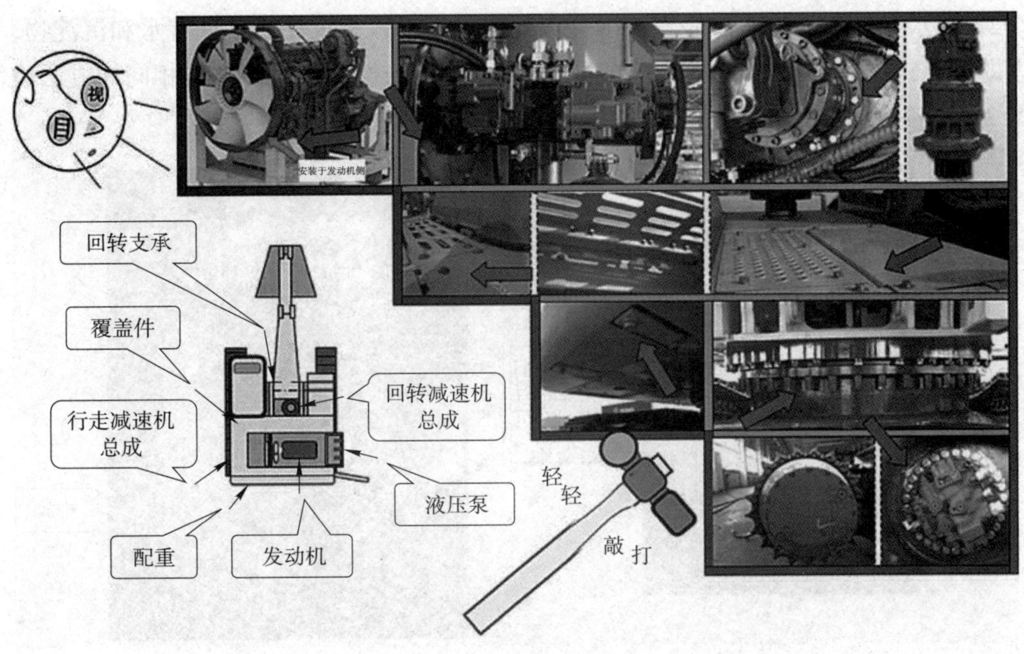

图 2—3—8　主要部件及覆盖件连接紧固性检查位置

（2）内部的检查

1）空气滤清器的检查。检查空气滤清器紧固带是否旋紧、过滤网是否阻塞，要定期对空气滤清器进行清理，如图 2—3—9 所示。

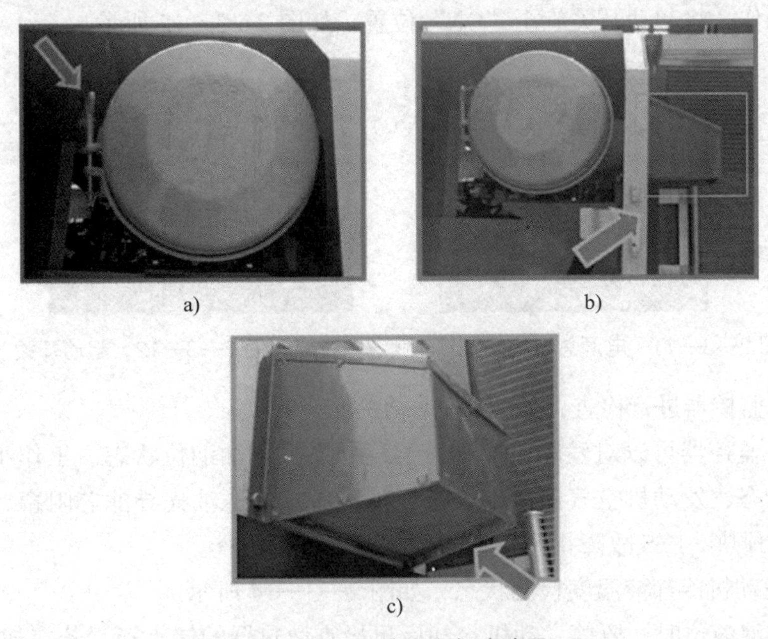

图 2—3—9　检查空气滤清器

a）检查紧固带　b）检查过滤网　c）清理空气滤清器

2）油水分离器的检查。检查油水分离器中是否有水和沉淀物，如有水和沉淀物，则应立即放掉，放水时若空气被吸入柴油管，则要按照与燃油滤清器放气相同的方法放气，如图 2—3—10 所示。

图 2—3—10 油水分离器的检查

3）线路、保险、仪表显示的检查

①闭合电源总开关，电源总开关在蓄电池旁边的位置。开关旋至如图 2—3—11 所示的“—”位置为开，开关旋至“○”位置为关，如图 2—3—11 所示。

②通电操作，将起动开关旋至“ON”位置，如图 2—3—12 所示。

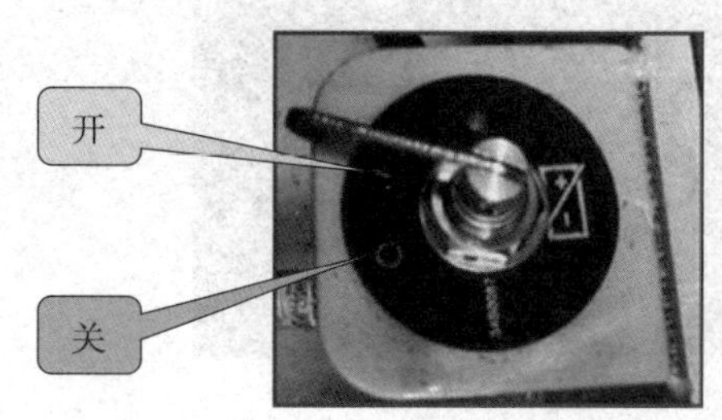

图 2—3—11 电源总开关

图 2—3—12 起动开关

③用电子监控器进行检查，如图 2—3—13 所示。

通过电子监控器可以对发动机冷却液温度状态、燃油油位状态、工作小时计的显示状态及充电状态、发动机空气滤清器、液压油油温、液压油先导滤芯阻塞、发动机机油压力、发动机预热、ESS 故障指示灯等的检测状态进行检查。

a. 监测发动机冷却液温度检测状态，如图 2—3—14 所示。

检查冷却液液位时，要等发动机冷却后再检查散热器的储水箱，若冷却液液位太低，则应添加冷却液至规定位置。

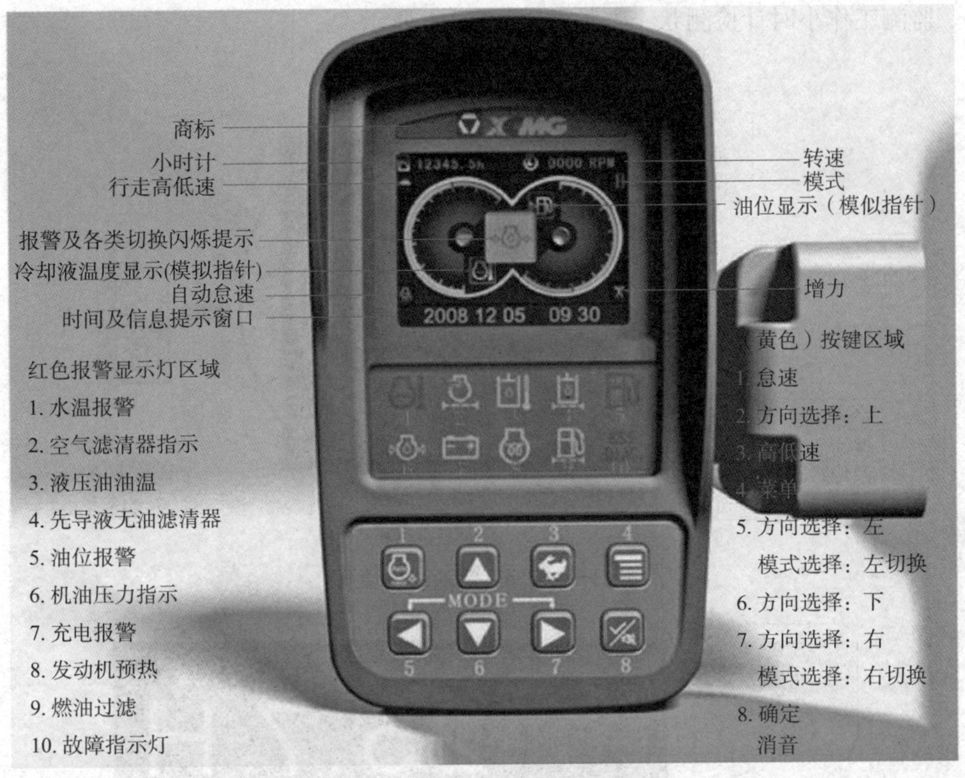

图 2—3—13　电子监控器

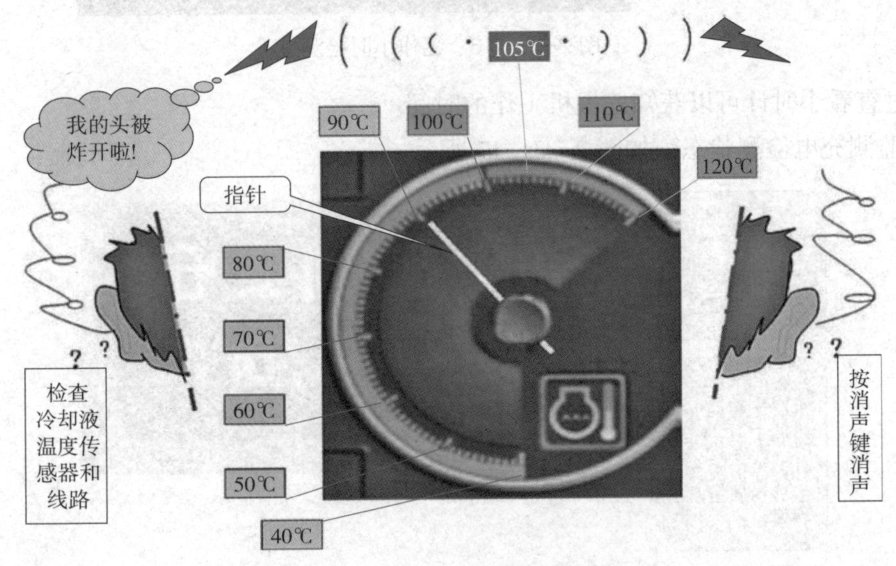

图 2—3—14　发动机冷却液温度检测

b. 监测燃油油位检测状态，如图 2—3—15 所示。还可通过柴油箱上的观测窗、油位计或监控器检查柴油油位，若油位过低，则补充柴油。要经常清理柴油箱盖上的透气孔。

c. 监测工作小时计检测状态，如图 2—3—16 所示。

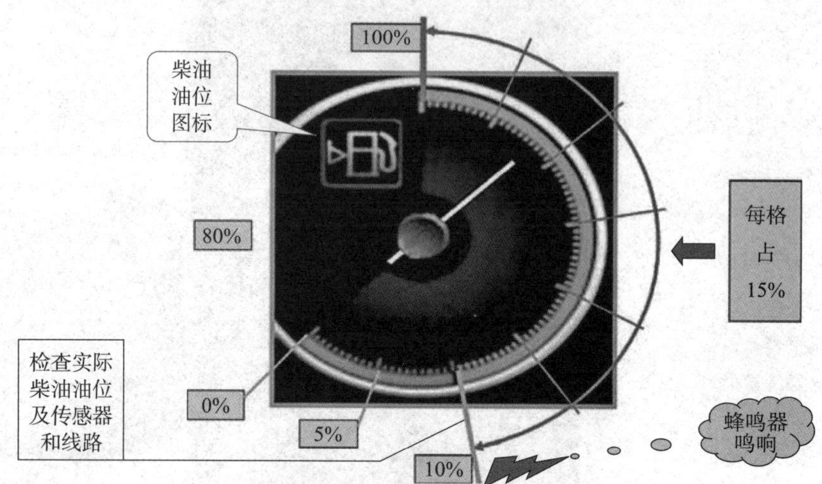

图 2—3—15　燃油油位检测

图 2—3—16　工作小时检测

通过查看小时计可以获知挖掘机工作的时间。

d. 监测充电检测状态，如图 2—3—17 所示。

图 2—3—17　充电检测

通过查充电检测可以显示挖掘机蓄电池的充电状态。

e. 监测发动机空气滤清器检测状态，如图 2—3—18 所示。

图 2—3—18 发动机空气滤清器检测

f. 监测液压油油温检测状态，如图 2—3—19 所示。

图 2—3—19 液压油油温检测

g. 监测液压油先导滤芯阻塞检测状态，如图 2—3—20 所示。

图 2—3—20 液压油先导滤芯阻塞检测

h. 监测燃油滤清器阻塞检测状态，如图 2—3—21 所示。

图 2—3—21　燃油滤清器阻塞检测

i. 监测发动机机油压力检测状态，如图 2—3—22 所示。

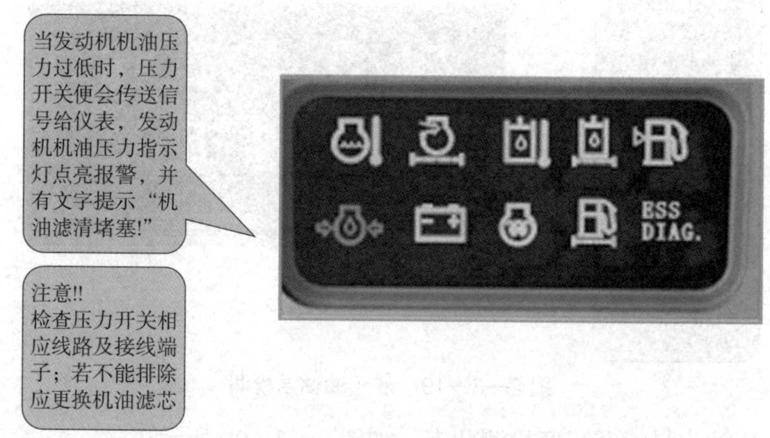

图 2—3—22　发动机机油压力检测

j. 监测发动机预热检测状态，如图 2—3—23 所示。

图 2—3—23　发动机预热检测

k. 监测 ESS 检测状态，如图 2—3—24 所示。

图 2—3—24 ESS 检测

（3）其他检查及调整

1）检查安全带、灭火器、逃生锤。挖掘机驾驶室内安全带、灭火器、逃生锤的位置如图 2—3—25 所示。

①检查座椅安全带和固定吊扣是否正常，若不良，则更换。

②在驾驶室内右后侧的两个螺栓安装灭火器，检查灭火器是否已稳固安放，检查灭火器是否能够保证正常使用，如不能，则更换。

③检查驾驶室内挂在后侧的逃生锤。

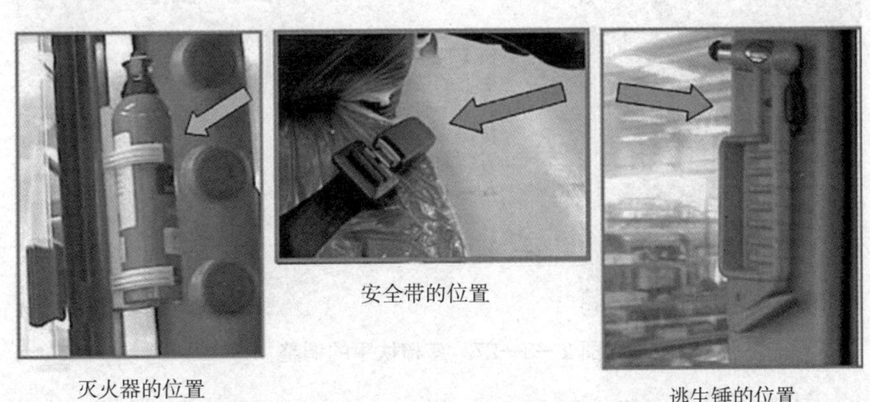

图 2—3—25 安全带、逃生锤、灭火器的位置

2）检查并调整座椅

①调整座椅靠背时可以按下座椅左侧的调节手柄，将操作者的座椅靠背调整到易于进行操作的位置，如图 2—3—26 所示。调整座椅后背倾斜度时，注意不要与后部空调罩板干涉，不要让扶手碰操纵杆。

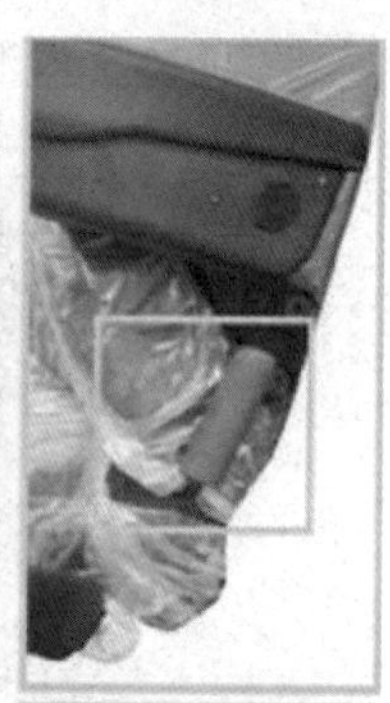
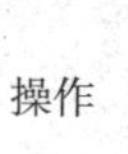
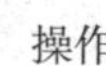

靠背调整范围

操作

图 2—3—26　座椅靠背的调整

②调整座椅扶手时，操作者用手按下位于扶手下的按键并直接按箭头方向向上拉，即可将扶手拉到座椅靠背的位置，如图 2—3—27 所示。如要放下将扶手调平，可直接按下扶手按操作者要求调整到合适位置即可，如图 2—3—28 所示。

按下位于扶手下的按键并用手直接按箭头所示方向向上拉

图 2—3—27　座椅扶手的调整

③调整座椅高度时向上提座椅，听到“咔嚓”的声音时，即说明调高了 30 mm，继续向上提，则又可以调高 30 mm，再向上提座椅降至最低位置。根据操作者的体重拉出手柄，按箭头方向进行旋转，调整到合适的位置时，将手柄按下，如图 2—3—29 所示。

④座椅前、后调整时，可以根据操作者的身高调整座椅的前后位置，调整时可以向上拉、向前拽拉杆，直到调整到合适的位置时松开拉杆，如图 2—3—30 所示。

扶手向下调整范围

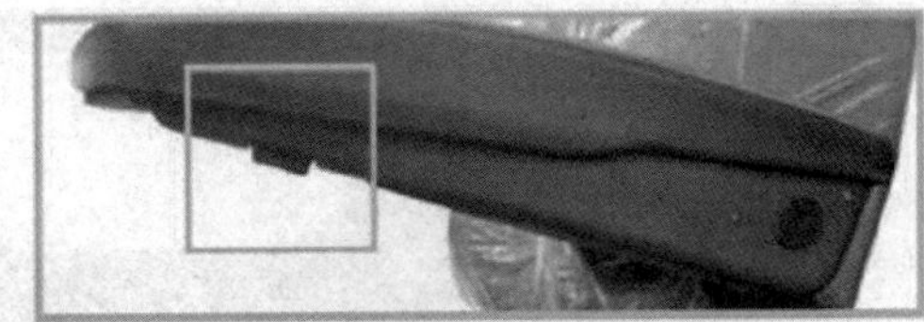

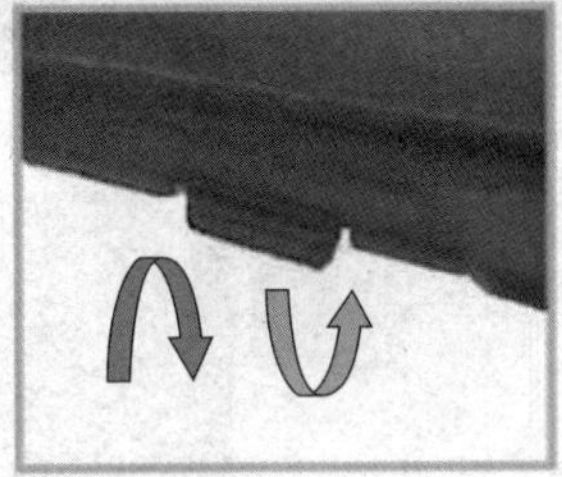

操作

图 2—3—28　座椅扶手的调整

图 2—3—29　座椅高度的调整

图 2—3—30　座椅前、后的调整

3）检查并调整后视镜

①挖掘机的视野范围，包括前视、仰视、左后视、右视、右后视，如图 2—3—31 所示。

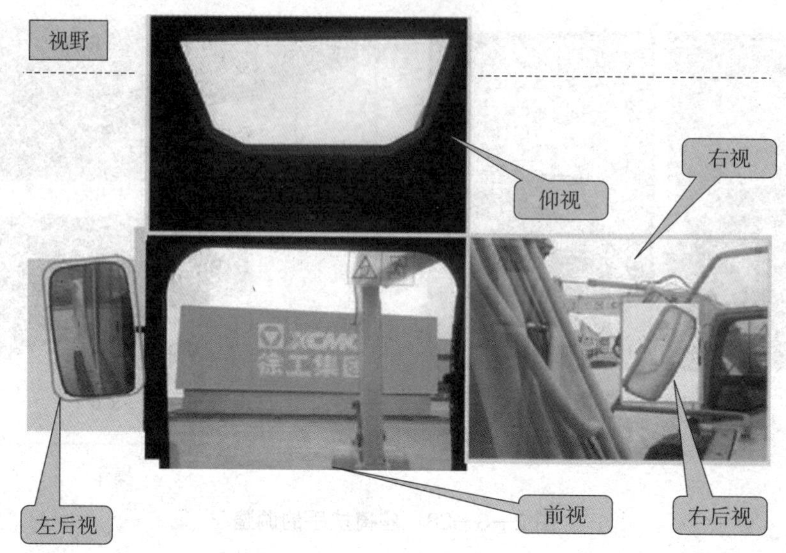

图 2—3—31 挖掘机的视野范围

②左后视镜可视范围：操作者左后部、左侧机顶、左侧门、左侧底部、左侧履带板，如图 2—3—32 所示。

③右后视镜可视范围：右侧机顶、扶手、右侧底部、右侧履带板、右侧后方、右侧机棚罩、右侧门，如图 2—3—33 所示。

④后视镜的调整。松开后视镜的固定螺母和螺栓进行调整，以保证从盲区的操作者座椅到机器后方具有最佳视野，如图 2—3—34 和图 2—3—35 所示。

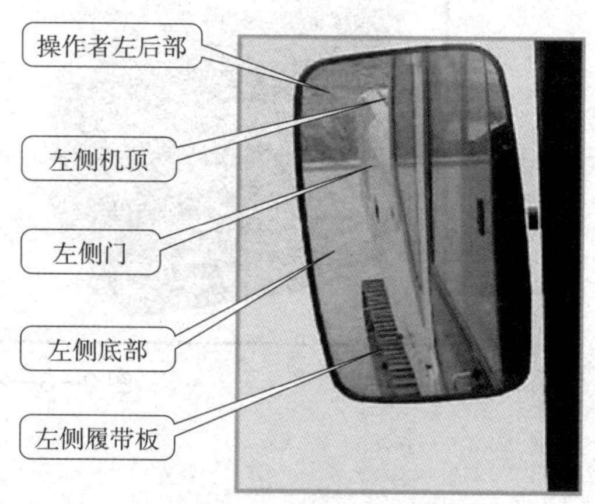

图 2—3—32 左后视镜可视范围

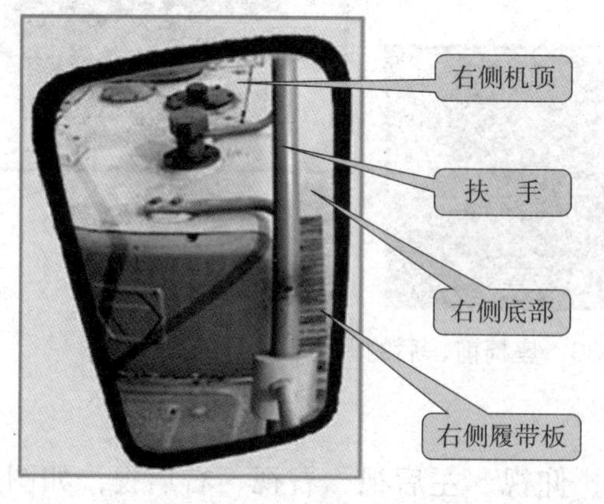

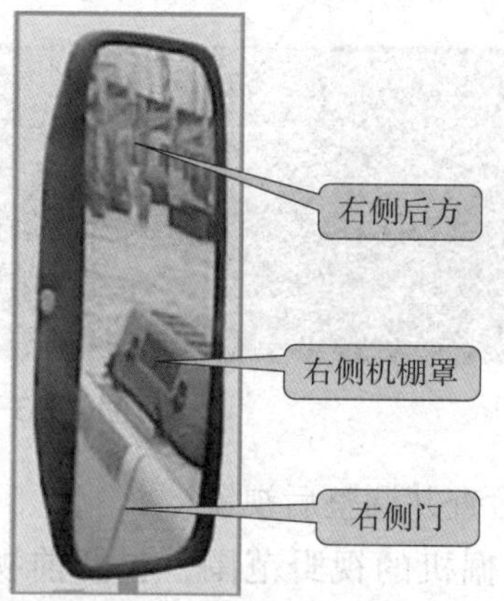

图 2—3—33 右后视镜可视范围

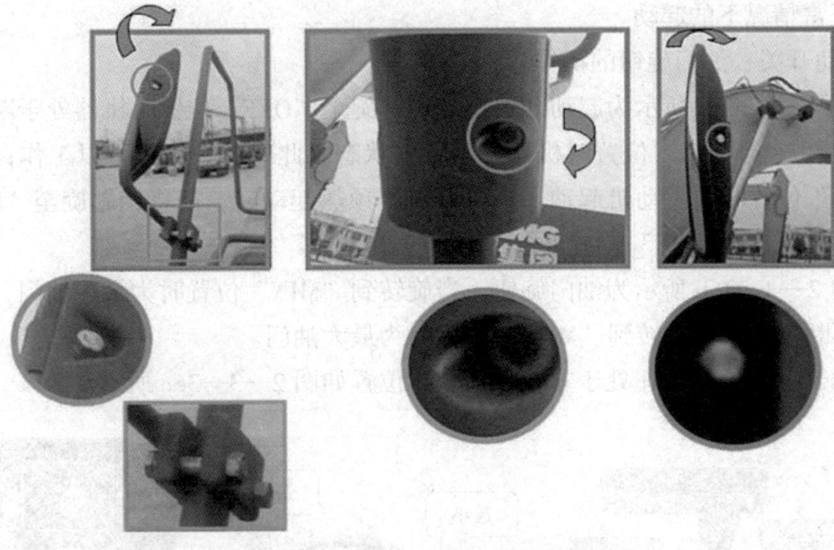
图 2—3—34　右后视镜的调整

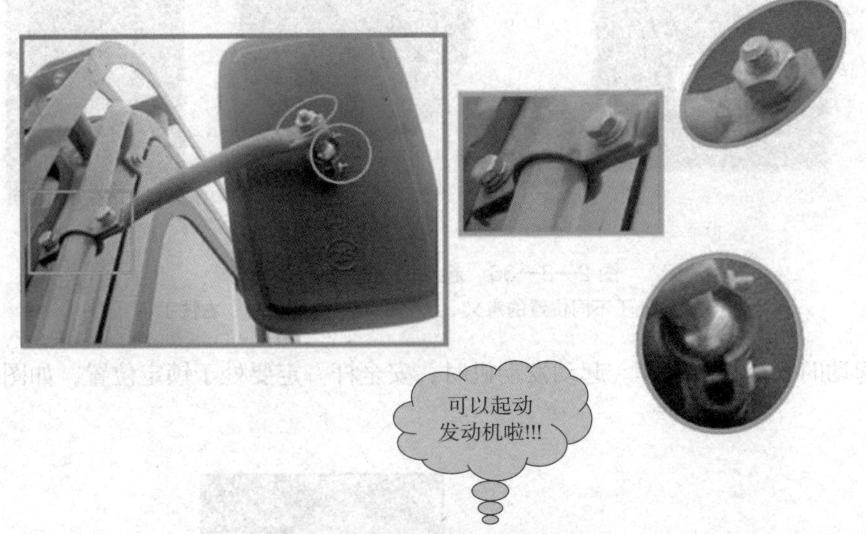

图 2—3—35　左后视镜的调整

2. 发动机的起动

（1）发动机起动的安全注意事项

1）起动发动机时，要鸣喇叭提示。

2）只允许坐在座椅上起动或操作机器。

3）除操作者外，不允许任何人坐在机器上。

4）不能使用短接起动电动机电路的方式起动发动机。

（2）正常情况下的起动

1）起动开关、油门旋钮的操作

①如图 2—3—36a 所示为起动开关。当钥匙旋至“OFF”位置时机器处于断电或停车状态；当钥匙旋至“ON”位置时机器处于通电状态，此时监控器等可以工作；当钥匙旋至“START”位置时，发动机起动。当机器需要预热起动时，需将钥匙旋至“HEAT”位置进行预热后再旋至“ON”位置进行起动。

②如图 2—3—36b 所示为油门旋钮。当旋转到“MIN”位置时为最小油门，顺时针旋转油门将不断变大，当旋转到“MAX”位置时为最大油门。

③起动开关和油门旋钮处于右扶手箱上，位置如图 2—3—36c 所示。

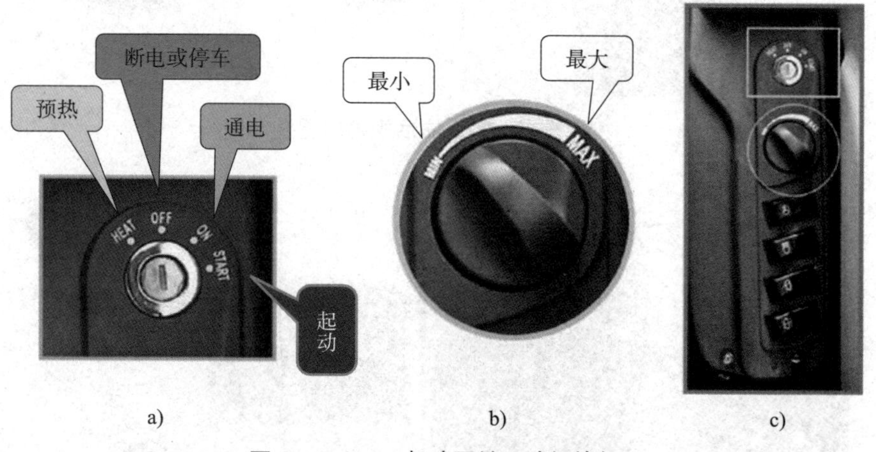

图 2—3—36 起动开关、油门旋钮

a）钥匙处于不同位置的意义 b）油门旋钮范围 c）右扶手箱

2）起动时安全杆的操作。起动发动机时，安全杆一定要处于锁定位置，如图 2—3—37 所示。

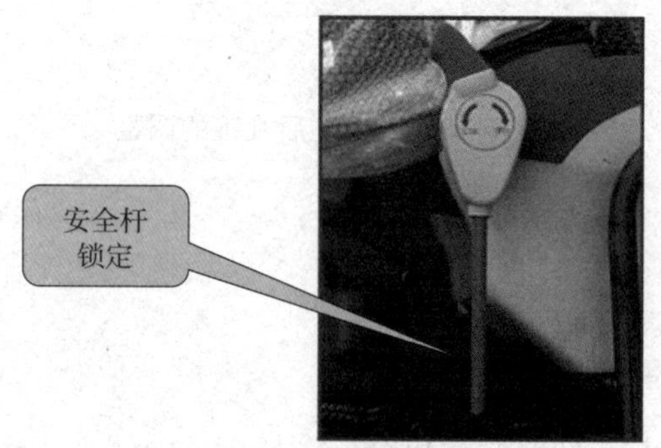

图 2—3—37 安全杆处于锁定状态

3）起动时油门的操作。发动机起动时，油门不能处于最低也不能处于最高，而是要

将其处于合适的位置，具体位置如图 2—3—38 所示。

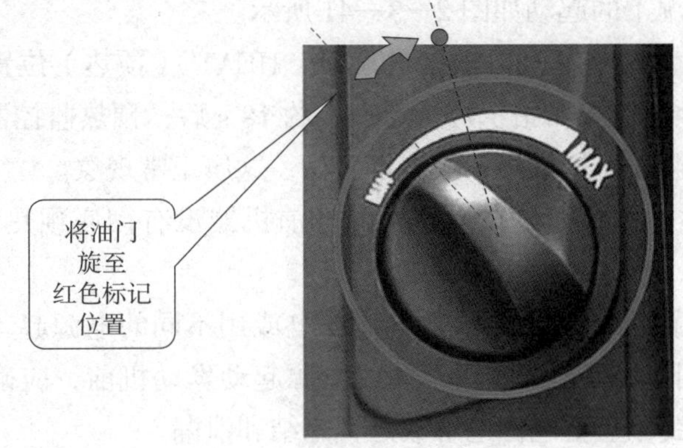

图 2—3—38　起动时油门的合理位置

4）鸣喇叭。起动前要鸣喇叭警示周围的人，具体方法如图 2—3—39 所示。

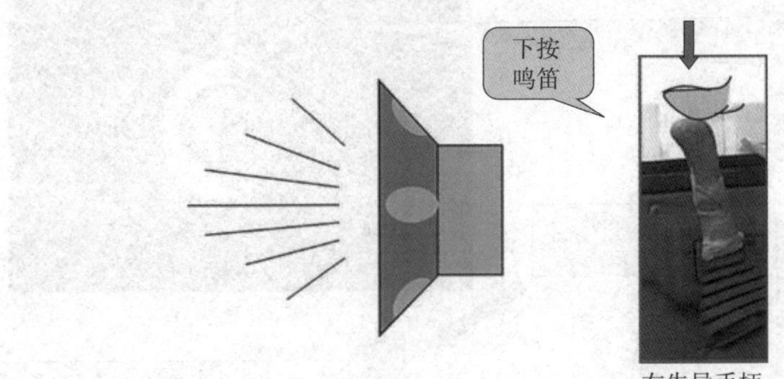

图 2—3—39　起动前鸣喇叭

5）发动机的起动操作。将起动开关钥匙旋至“START”位置（此位置停留不得超过 15 s），发动机将起动，当发动机起动时，松开起动开关钥匙，钥匙将自动回到“ON”位置，如图 2—3—40 所示。

图 2—3—40　发动机起动

（3）寒冷情况下的起动

挖掘机在寒冷情况下的起动如图 2—3—41 所示。

寒冷天气无法起动时将起动开关钥匙旋至“HEAT”（预热）位置（此位置停留不得超过 30 s），并检查预热监控器指示灯是否亮，约 18 s 后，预热监控器指示灯将闪烁，表示预热完成。此时，监控器指示灯和仪表将发亮，这属正常现象。

要彻底进行预热操作。如果在操作操纵杆前机器没有彻底预热，机器会反应迟钝，这会导致意外事故。

如果蓄电池电解液冻结，不要给蓄电池充电或用不同的电源起动发动机，这样做会使蓄电池有着火的危险。在充电或用不同的电源起动发动机前，应确认蓄电池电解液为融化状态。在起动前要检查蓄电池电解液是否冻结和泄漏。

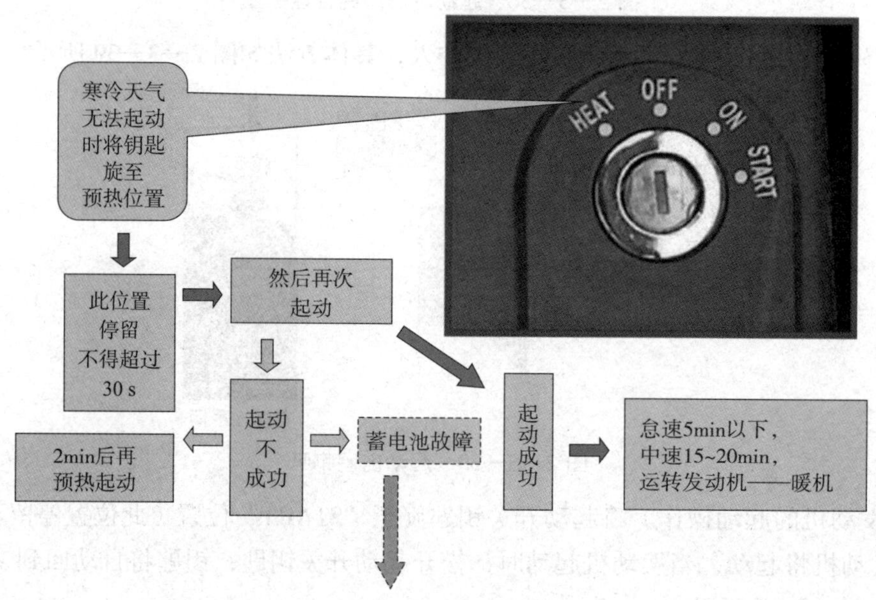

图 2—3—41　寒冷情况下的起动

（4）利用辅助线的起动

当机器上的蓄电池出现故障时，可采用辅助线起动的方法。

1）用辅助线操作的步骤。用辅助线起动的操作顺序如图 2—3—42 所示。

①先拆下故障蓄电池负极接线端子。

②将辅助线 1 一端先与故障蓄电池正极连接紧固。

③然后将辅助线 1 另一端与正常蓄电池正极连接紧固。

④将辅助线 2 一端与正常蓄电池负极连接紧固。

⑤然后将辅助线 2 另一端与故障机蓄电池的车体连接紧固。

起动成功后拆辅助线的顺序：⑤⟹④⟹②⟹③

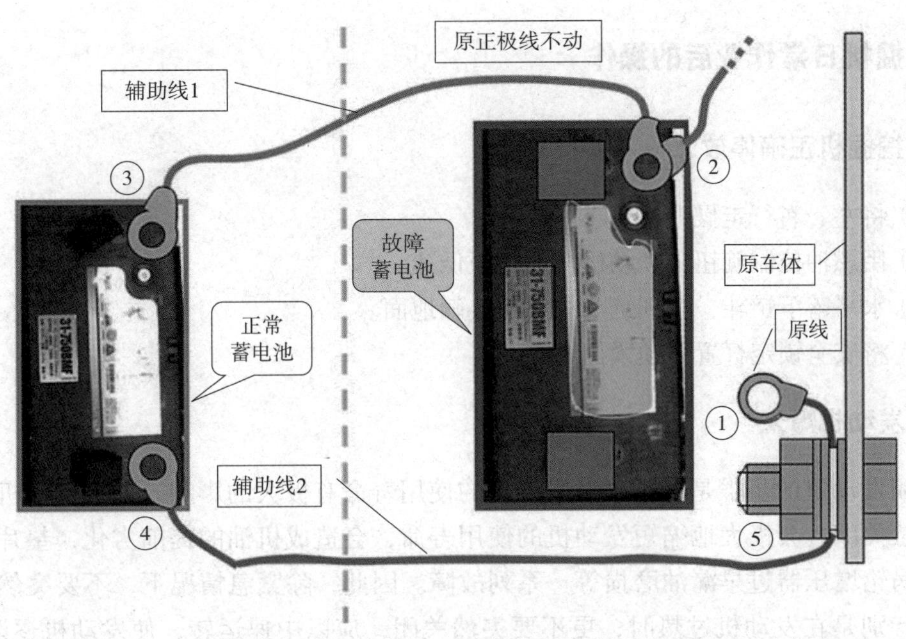

图 2—3—42 利用辅助线的起动

2）用辅助线操作的注意事项（图 2—3—43）。连接辅助线前应先关闭电源并将钥匙拔下，关闭所有的灯及附件开关。当使用辅助线起动发动机时，应注意不要让辅助线的接头接触机器，以避免产生火花。检查蓄电池电解液液位时不要吸烟，不要让蓄电池电解液接触皮肤、眼睛（要戴护目镜）；与辅助线相连的蓄电池电源电压应与原蓄电池电压相同，不可用高电压电源起动，如电焊机的电源等。

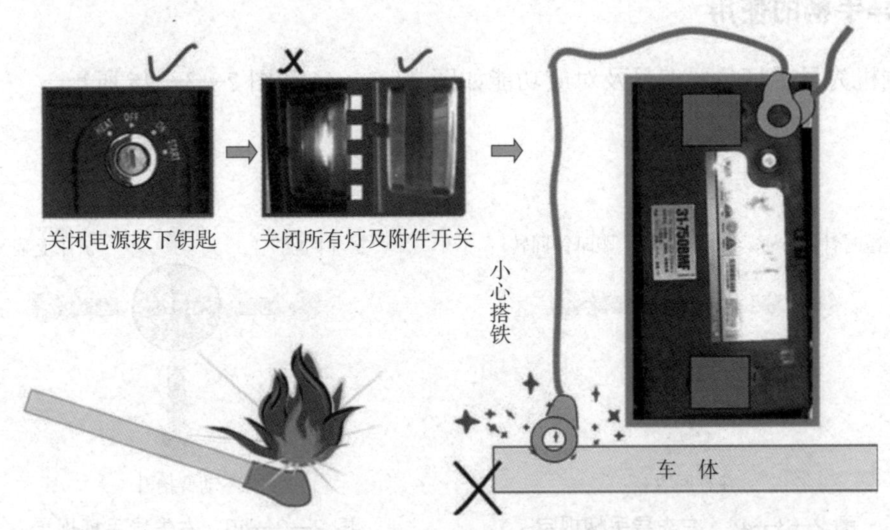

图 2—3—43 用辅助线操作注意事项

二、挖掘机日常作业后的操作

1. 挖掘机正确停放

（1）将左、右行走操纵杆置于中位。

（2）用燃油控制旋钮将发动机转速降至低速。

（3）水平落下铲斗，直到铲斗的底部接触地面。

（4）将安全锁定杆置于锁紧位置。

2. 发动机熄火

关闭发动机的步骤是否正确对发动机的使用寿命有极大的影响，如果发动机未冷却就被突然关闭，会极大地缩短发动机的使用寿命，会造成机油的提前劣化，垫片、胶圈老化，涡轮增压器过早漏油磨损等一系列故障。因此，除紧急情况下，不要突然关闭发动机。特别是在发动机过热时，更不要突然关闭，应以中速运转，使发动机逐渐冷却，然后再关闭发动机。

正确关闭发动机的步骤如下：

（1）低速运转发动机约 5 min，使发动机逐渐冷却。

（2）把起动开关钥匙切换到“OFF”位置，关闭发动机。

（3）取下起动开关钥匙。

三、先导手柄的使用

挖掘机先导手柄位置编号及对应功能如图 2—3—44 和图 2—3—45 所示。

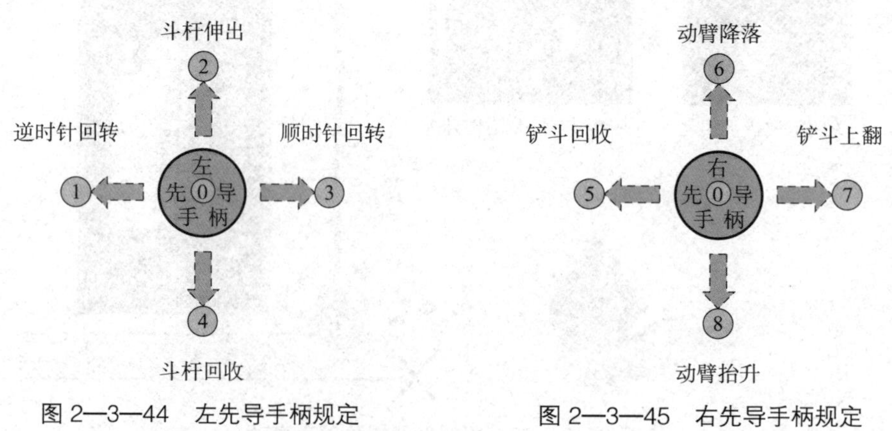

图 2—3—44　左先导手柄规定　　图 2—3—45　右先导手柄规定

1. 左先导手柄功能规定

（1）当左先导手柄位置处于中间状态时，挖掘机无动作。
（2）当左先导手柄向①方向拨动时，挖掘机上车逆时针回转。
（3）当左先导手柄向③方向拨动时，挖掘机上车顺时针回转。
（4）当左先导手柄向②方向拨动时，斗杆向前伸出。
（5）当左先导手柄向④方向拨动时，斗杆向后回收。

2. 右先导手柄功能规定

（1）当右先导手柄位置处于中间状态时，挖掘机无动作。
（2）当右先导手柄向⑤方向拨动时，挖掘机铲斗回收。
（3）当右先导手柄向⑦方向拨动时，挖掘机铲斗上翻。
（4）当右先导手柄向⑥方向拨动时，动臂向下降落。
（5）当右先导手柄向⑧方向拨动时，动臂向上抬升。

四、运土操作

挖掘机运土操作就是将被挖掘的土石方转移到其他地方。

1. 运土操作步骤

（1）挖掘机进行提升动臂操作。
（2）利用回转机构进行向左或向右转运土。
（3）伸斗杆与向左（或向右）回转复合操作。
（4）提升动臂、伸斗杆及回转复合操作——装车。

2. 升臂操作

挖掘机必须进行提升动臂的动作，如图 2—3—46a 所示；提升动臂的先导手柄动作为右手柄向⑧方向拉动，如图 2—3—46b 所示。

3. 转移土石方

转移土石方需要利用回转机构进行向左回转或向右回转，如图 2—3—47a 所示为逆时针回转；逆时针回转应向①方向操作先导手柄，如图 2—3—47b 所示。

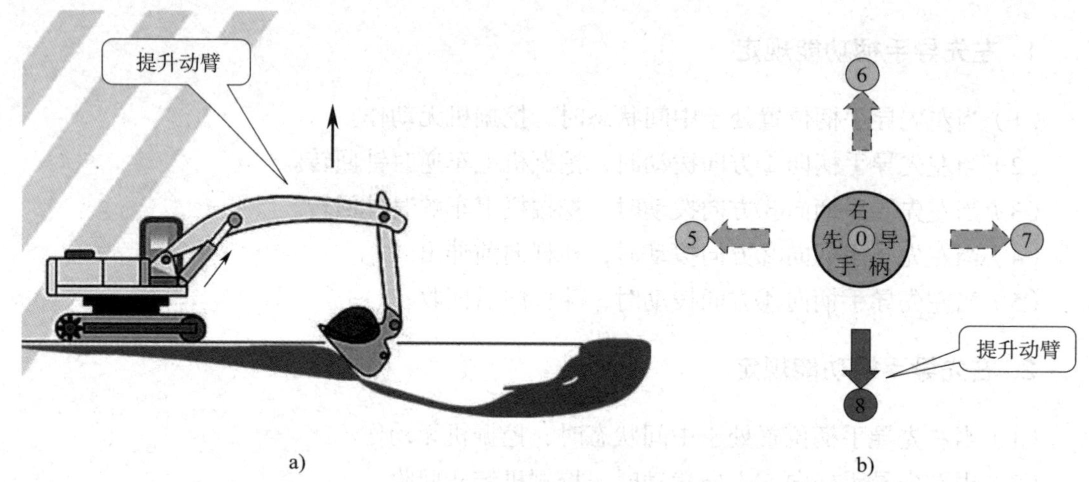

图 2—3—46 动臂提升
a）提升动臂 b）先导手柄操作

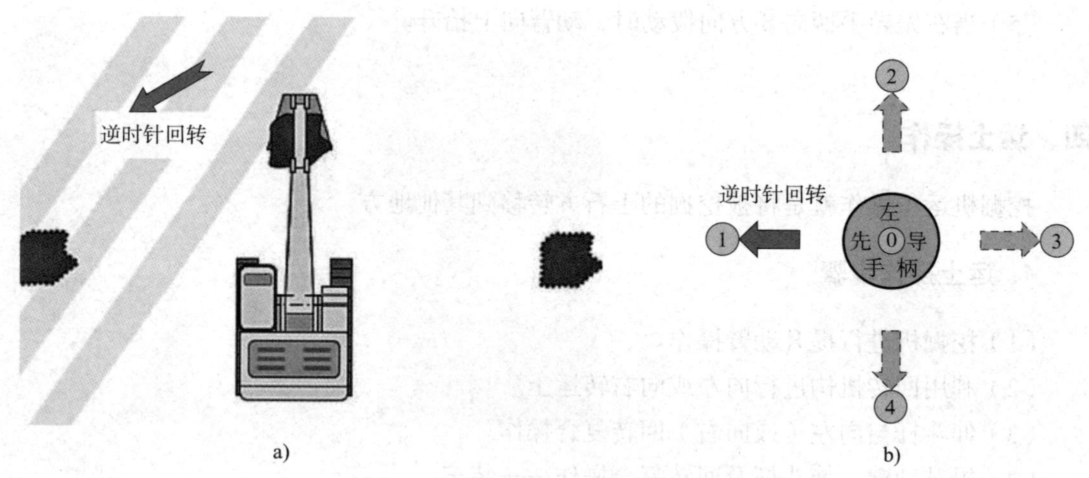

图 2—3—47 转移被挖土石方回转动作
a）逆时针回转 b）向“①”方向操作先导手柄

4. 伸斗杆与向左（或向右）回转复合操作

在回转的过程中，铲斗必须要有一定的高度，这样才不会在装车时碰到车身，因而需要边回转边伸斗杆，如图 2—3—48a 所示。

先导手柄操作：左手柄拨向①和②的中间位置，这样①和②同时被按下；右手柄保持不动，如图 2—3—48b 所示。

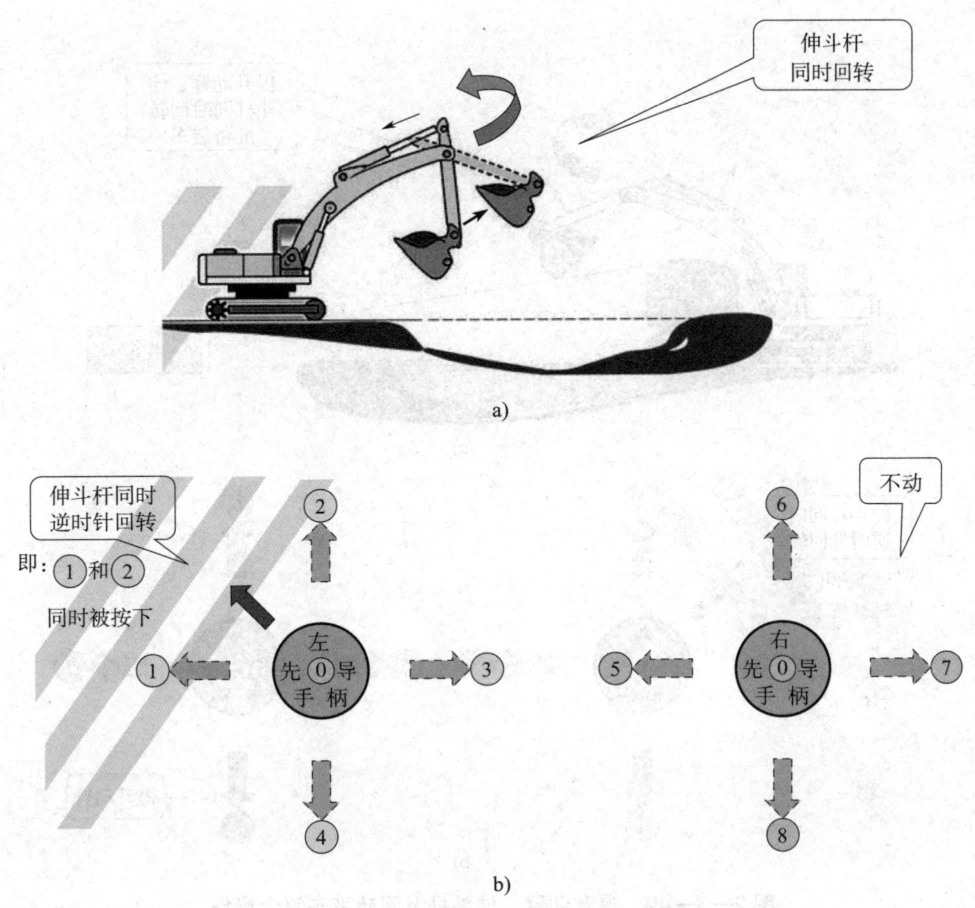

图 2—3—48　伸斗杆与向左（或向右）回转复合操作
a）边回转边伸斗杆　b）先导手柄操作

5. 提升动臂、伸斗杆及回转装车复合操作

在进行提升动臂、伸斗杆的同时进行回转操作，动臂提升和斗杆伸出距离要根据机器所在位置进行适当的调整，如图 2—3—49a 所示。

先导手柄操作：左手柄拨向①②交叉方向，右手柄拨向⑧方向，如图 2—3—49b 所示。

6. 挖掘机运土操作口诀

（1）复合动作多。

（2）勤练生技巧。

（3）守规则务实。

（4）能力效率高。

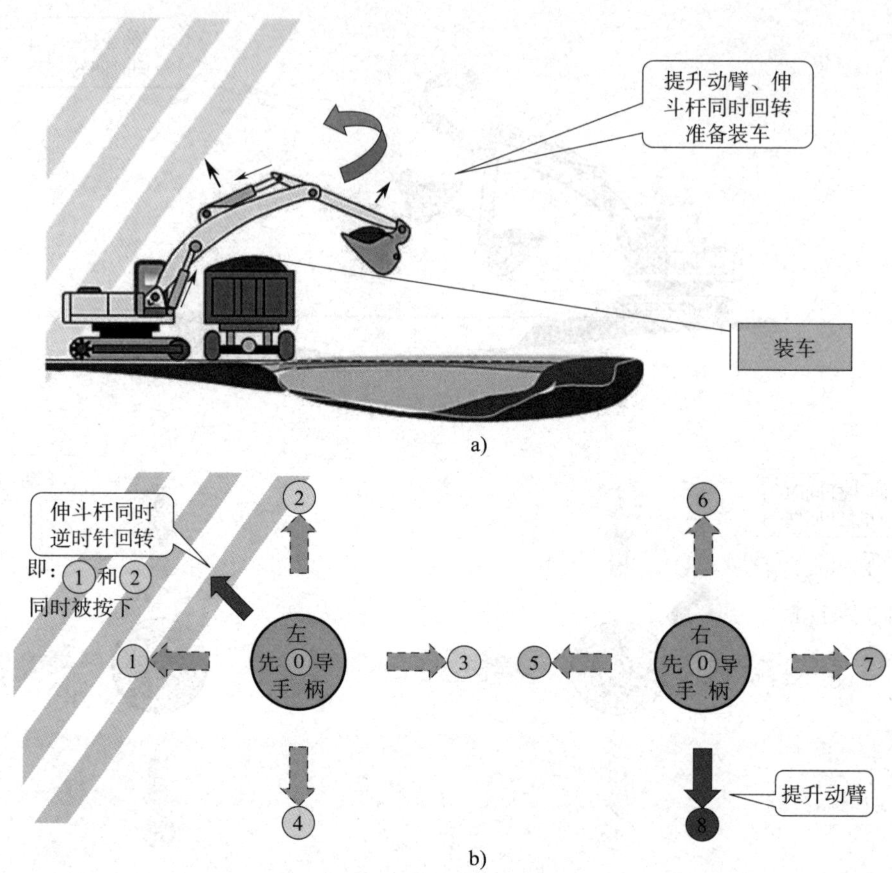

图 2—3—49 提升动臂、伸斗杆及回转装车复合操作
a）提升动臂、伸斗杆，同时进行回转 b）先导手柄操作

五、卸土操作

挖掘机卸土操作是利用运土操作中的第三步——转移的方法将土石方转移到卸土位置进行卸土。根据不同工况，挖掘机卸土有 3 种方式：仅上翻铲斗卸土操作；调整动臂或斗杆并上翻铲斗进行复合操作；回转和上翻铲斗复合操作。

1. 仅上翻铲斗卸土操作

在卸土时，斗杆不动，仅上翻铲斗进行卸土操作，如图 2—3—50a 所示。先导手柄操作如图 2—3—50b 所示。

2. 调整动臂或斗杆并上翻铲斗进行复合操作

当挖掘机卸土时，由于位置不当，需对动臂、斗杆做适当调整从而进行的复合操作。调整动臂或斗杆并上翻铲斗的对应操作如图 2—3—51 所示。

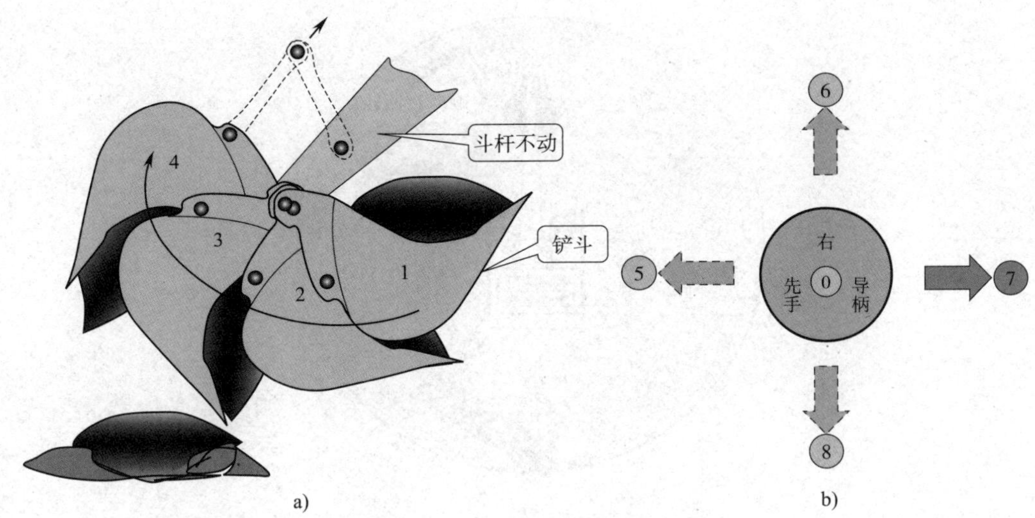

图 2—3—50　卸土仅上翻铲斗操作
a）仅上翻铲斗进行卸土操作　b）先导手柄操作

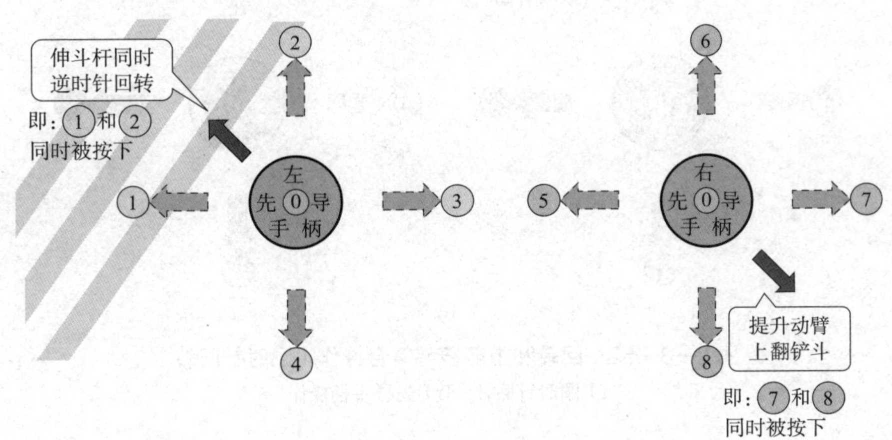

图 2—3—51　调整动臂或斗杆并上翻铲斗的对应操作

3. 回转和上翻铲斗复合操作

在回转过程中上翻铲斗进行卸土操作，如图 2—3—52 所示为顺时针回转的复合操作，如图 2—3—53 所示为逆时针回转的复合操作。

4. 挖掘机卸土操作口诀

（1）运准好操作。
（2）省力又省时。
（3）复合用最多。
（4）稳准少颠簸。

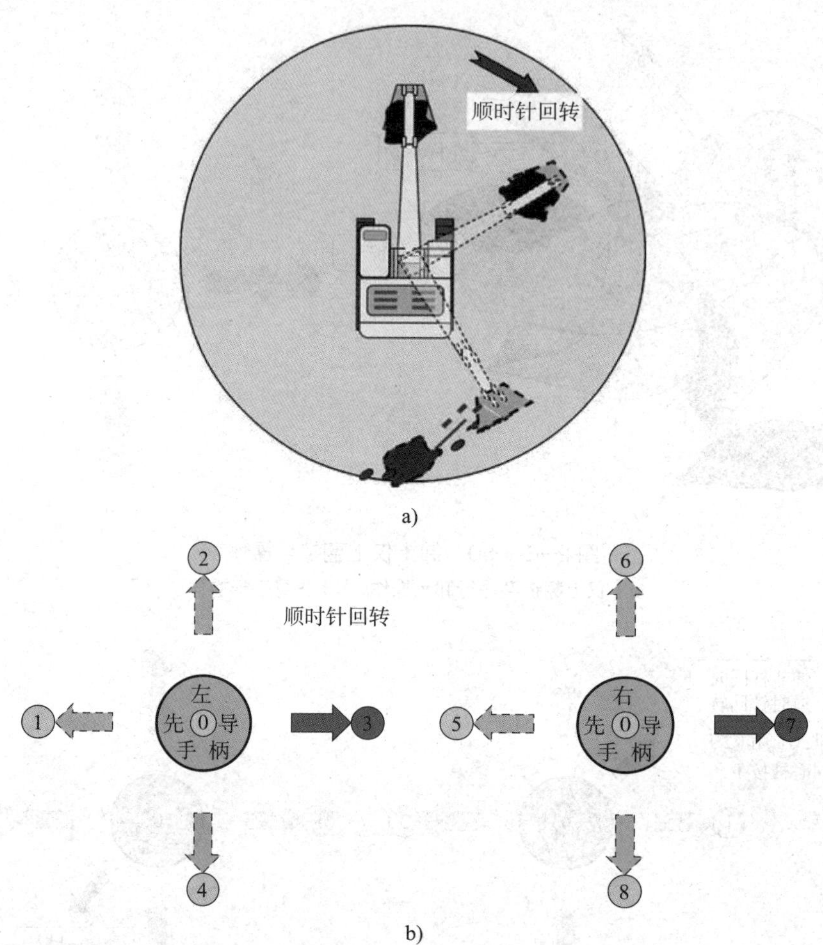

图 2—3—52　回转和上翻铲斗复合操作（顺时针回转）

a）顺时针回转　b）先导手柄操作

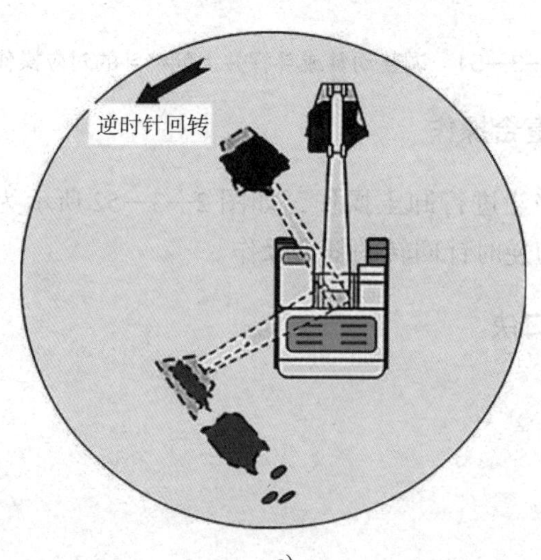

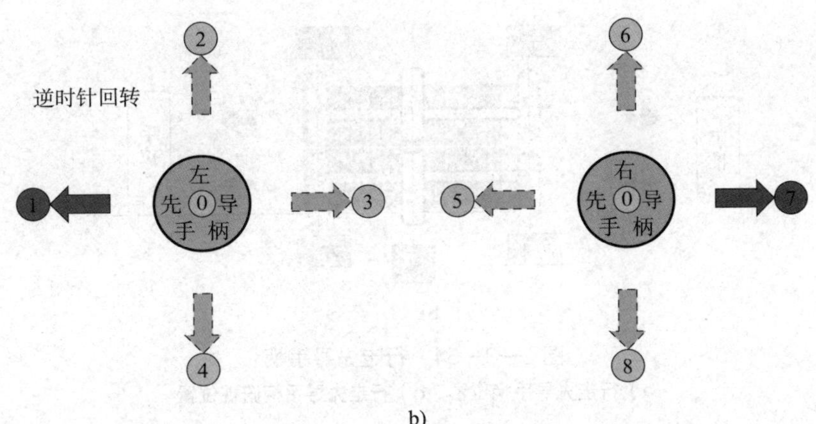

b)

图 2—3—53 回转和上翻铲斗复合操作（逆时针回转）

a）逆时针回转 b）先导手柄操作

六、行走操作

行走是挖掘机在操作过程中一个非常重要的动作，它可以保证挖掘机更换挖掘地点进行新的挖掘，从而保障作业的连续性。

行走包括直线行走、转弯、上坡转弯、下坡转弯等。先要掌握行走先导手柄的位置规定，然后再去练习相关行走内容。

行走的先导手柄位置的规定位置编号如图 2—3—54a、b 所示，“0”为当前所在位置，不注明左右即为同时操作。

行驶前进方向：以挖掘机操作者目视为前方；正常行驶应为导向轮在前、驱动轮在后，如图 3—3—55 所示。

1. 直线行走

直线行走又分为平地（高速）直线行走、上坡直线行走、下坡直线行走、斜坡上行走等。

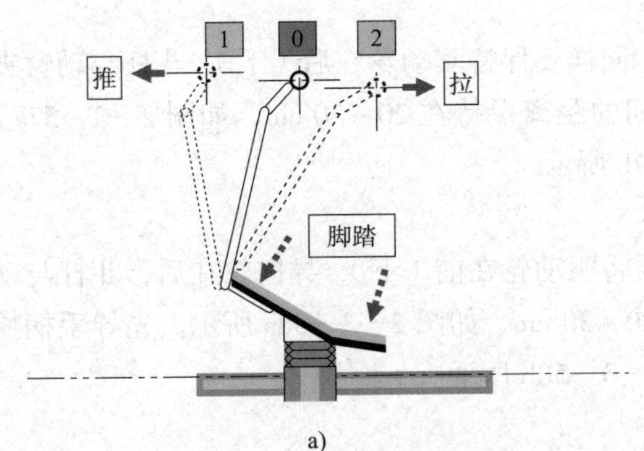

a)

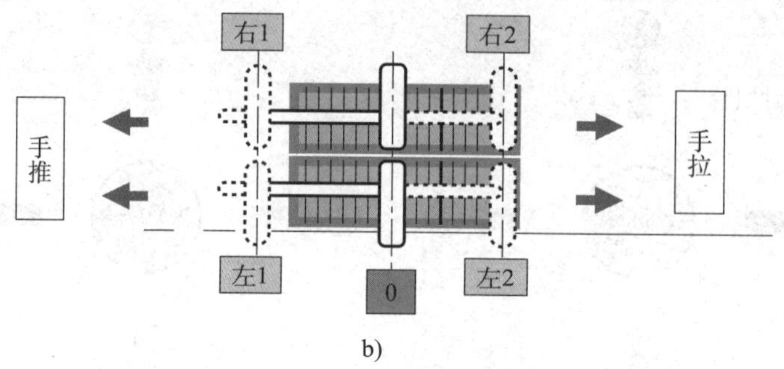

b)

图 2—3—54　行走先导手柄

a）行走先导手柄位置　b）行走先导手柄俯视位置

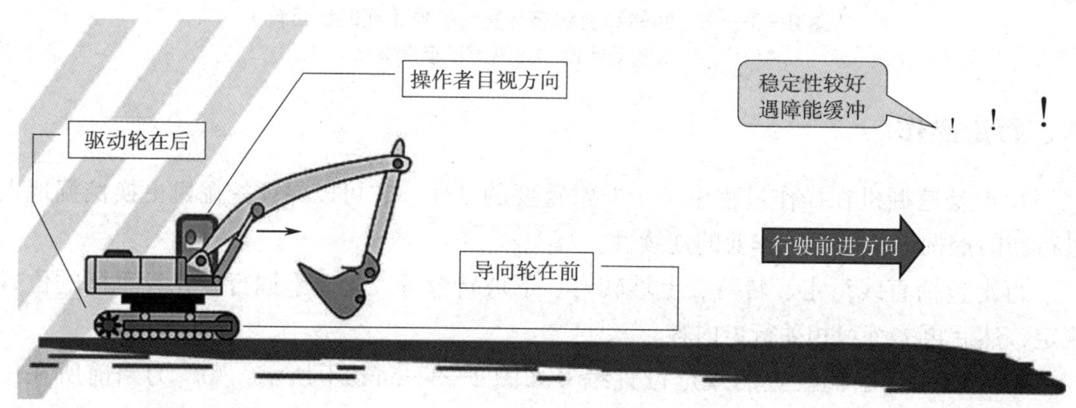

图 2—3—55　行驶前进方向规定

（1）平地（高速）直线行走

平地（高速）直线行走如图 2—3—56a 所示。先导手柄动作如图 2—3—56b 所示，可以用手控制先导手柄，也可以通过脚蹬的方式控制先导手柄。高、低速的调节通过高、低速开关进行控制。在行走的过程中斗杆与动臂之间的夹角稍小于 90°，铲斗底部与地面的距离保持在 20 ~ 30 cm。驱动轮保持在后，导向轮在前。

（2）上坡直线行走

上坡直线行走时，同样要保持驱动轮在后（下），斗杆与动臂夹角至少保持 90°，铲斗底部与斜坡表面之间的距离保持在 20 ~ 30 cm，如图 2—3—57a 所示。先导手柄（脚踏）操作如图 2—3—57b 所示。

（3）下坡直线行走

下坡直线行走需要将驱动轮在前（下），导向轮在后，斗杆与动臂夹角大于 90°，铲斗外翻，铲齿距地面 20 ~ 30 cm，如图 2—3—58a 所示。先导手柄操作为同时向后拉左、右行走操纵杆，如图 2—3—58b 所示。

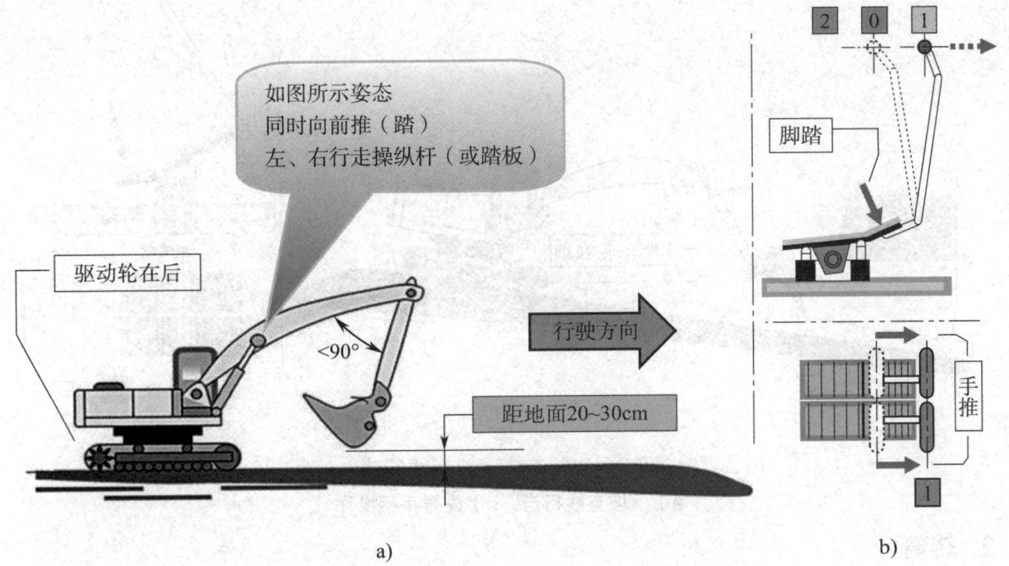

图 2—3—56 平地（高速）直线行走

a）平地（高速）直线行走 b）先导手柄动作

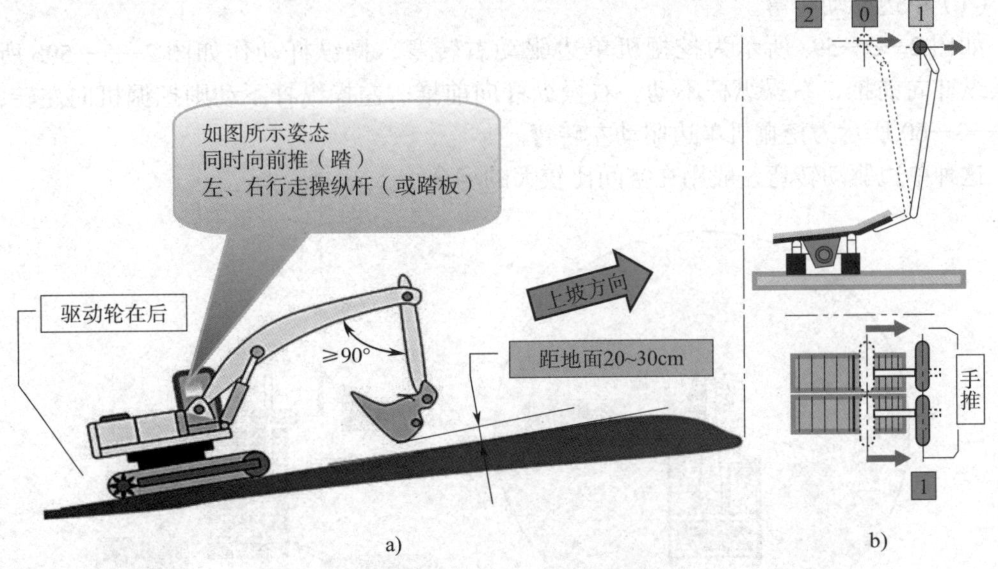

图 2—3—57 上坡直线行走

a）上坡直线行走 b）先导手柄（脚踏）操作

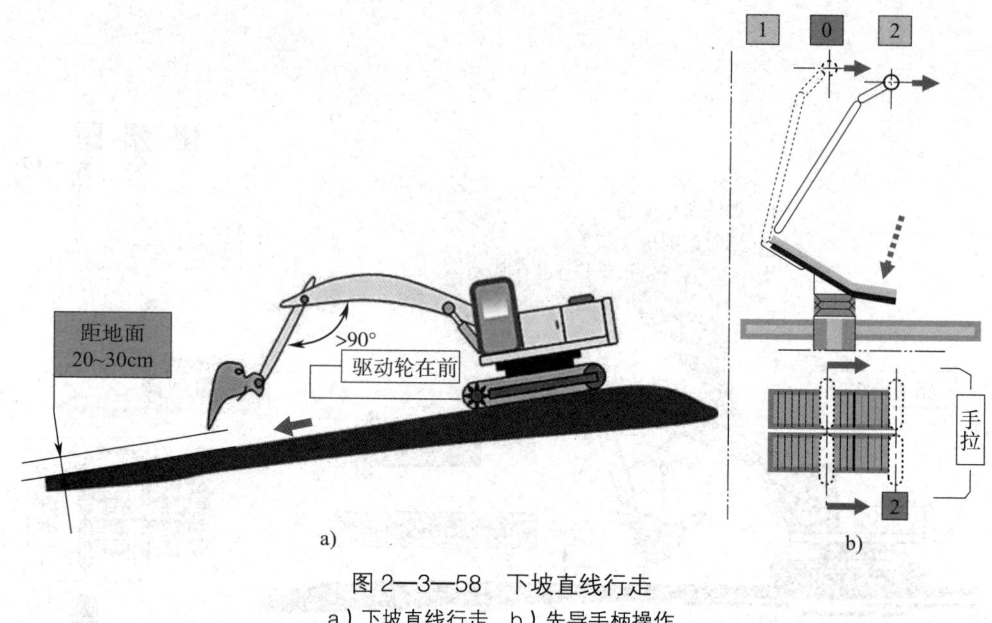

图 2—3—58 下坡直线行走
a）下坡直线行走 b）先导手柄操作

2. 转弯

转弯分为单边驱动转弯和双边驱动原地转弯。单边驱动转弯又分为右转弯和左转弯；双边驱动原地转弯分为原地右转弯和原地左转弯。

（1）单边驱动转弯

如图 2—3—59a 所示为挖掘机单边驱动右转弯，操纵杆动作如图 2—3—59b 所示：左操纵杆向前推，右操纵杆不动。右操纵杆向前推、左操纵杆不动则挖掘机向左转，如图 2—3—60 所示为挖掘机单边驱动左转弯。

这种单边驱动转弯一般用在空间比较大的场合。

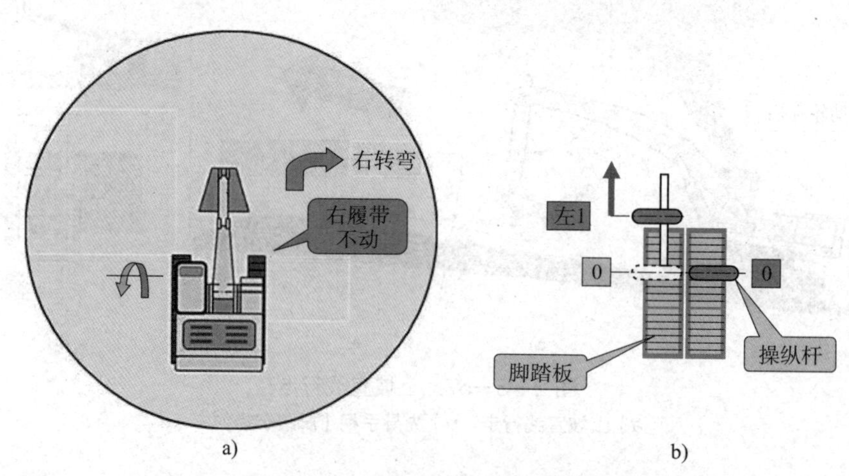

图 2—3—59 单边驱动右转弯
a）单边驱动右转弯 b）操纵杆动作

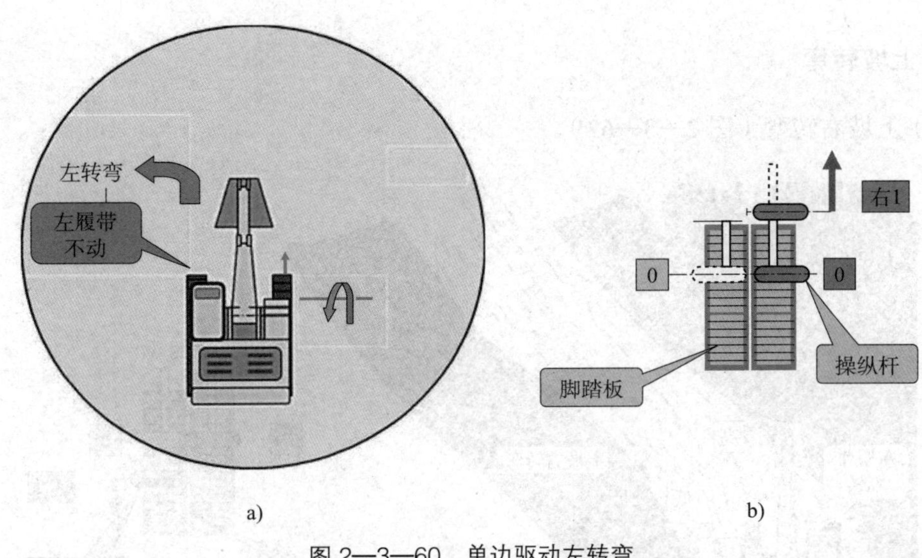

图 2—3—60 单边驱动左转弯

a）单边驱动左转弯 b）操纵杆动作

（2）双边驱动转弯

如图 2—3—61a 所示为挖掘机双边驱动原地右转，如图 2—3—61b 所示为双边驱动原地右转的操纵杆动作，左操纵杆向前推，右操纵杆向后拉，达到两边同时驱动、原地旋转的目的。

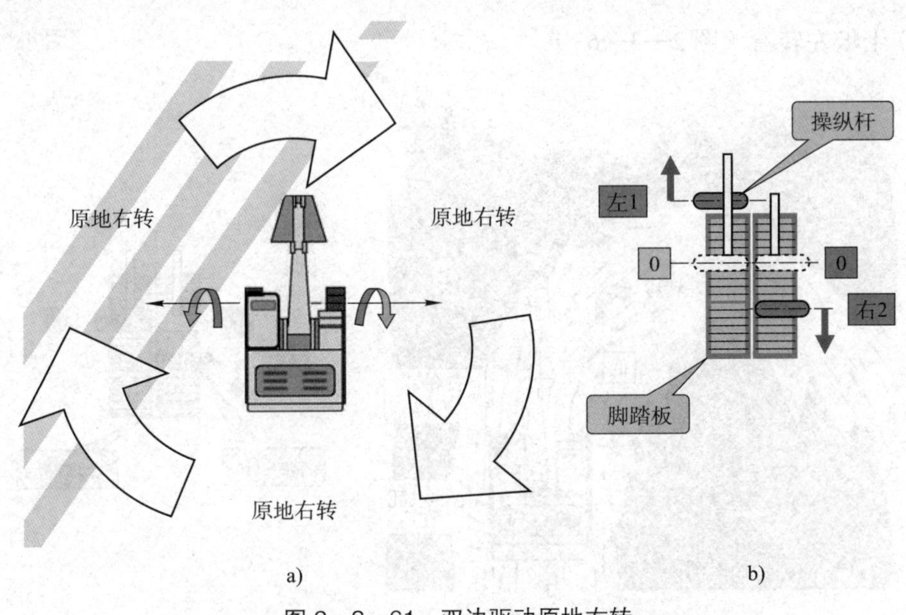

图 2—3—61 双边驱动原地右转

a）双边驱动原地右转 b）操纵杆动作

这种双边驱动原地转动的方法一般用在空间位置比较狭窄的地方。

3. 上坡转弯

（1）上坡右转弯（图 2—3—62）

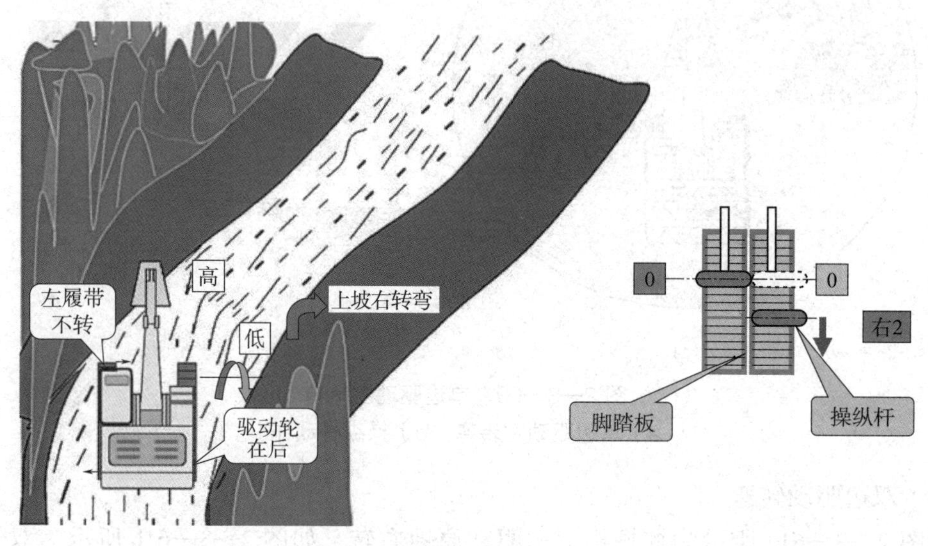

a)　　　　b)

图 2—3—62　上坡右转弯

a）上坡右转弯　b）操纵杆动作

（2）上坡左转弯（图 2—3—63）

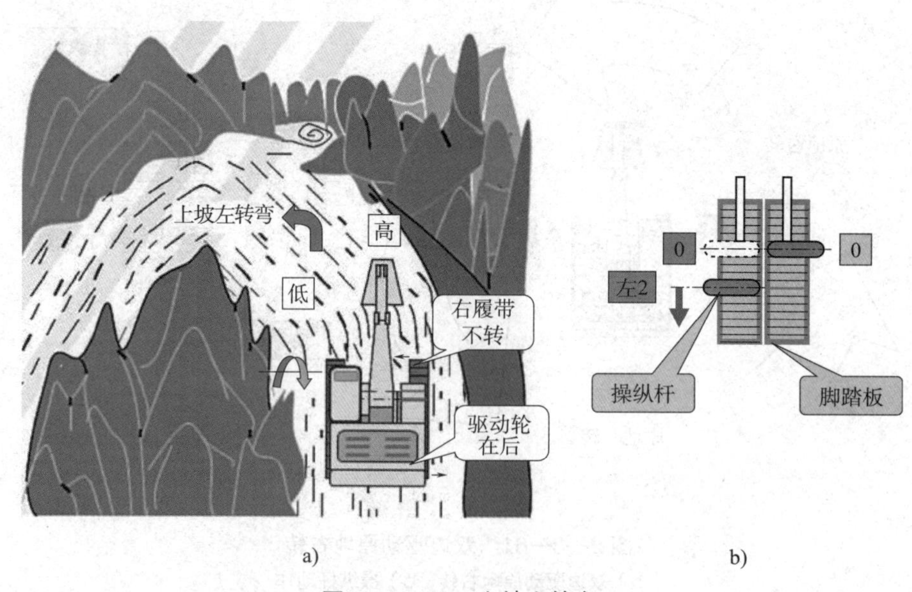

a)　　　　b)

图 2—3—63　上坡左转弯

a）上坡左转弯　b）操纵杆动作

4. 下坡转弯

（1）下坡左转弯（图 2—3—64）

图 2—3—64　下坡左转弯
a）下坡左转弯　b）操纵杆动作

（2）下坡右转弯（图 2—3—65）

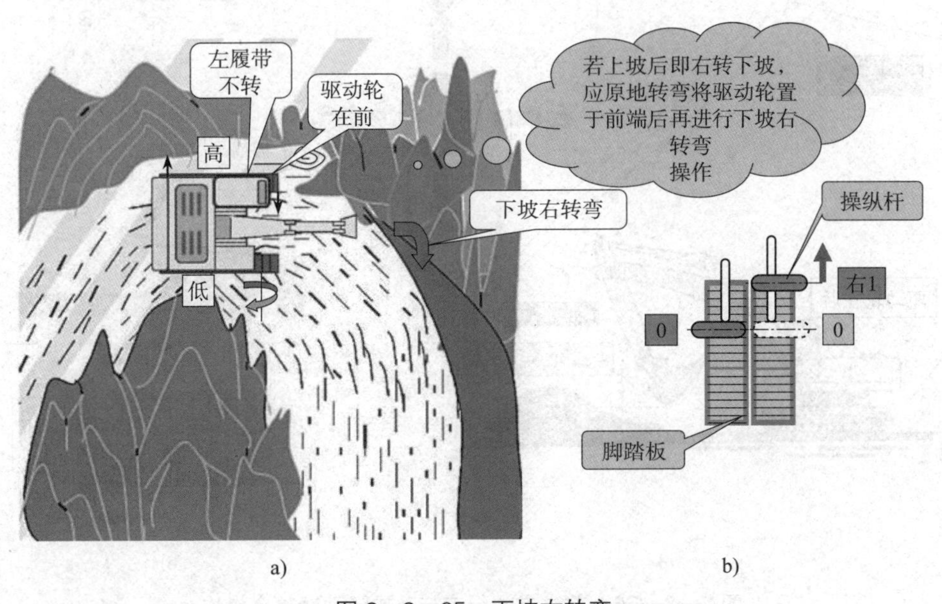

图 2—3—65　下坡右转弯
a）下坡右转弯　b）操纵杆动作

5. 挖掘机行走操作口诀

（1）平地好行走。

（2）驱动轮在后。

（3）注意上下坡。

（4）高端勿驱动。

（5）转弯易脱链。

（6）下坡事故多。

七、空载复合操作

空载操作是作业过程中一个必需的动作，提高空载操作效率可以大大提高作业的效率，因而在空载操作中要使用复合操作来提高效率，此处只讲述关于两种动作的复合。

空载复合动作包括行走与动臂复合、行走与回转复合、行走与斗杆复合、行走与铲斗复合。

1. 行走与动臂复合操作

（1）前进方向行走与升或降动臂复合操作（图 2—3—66）

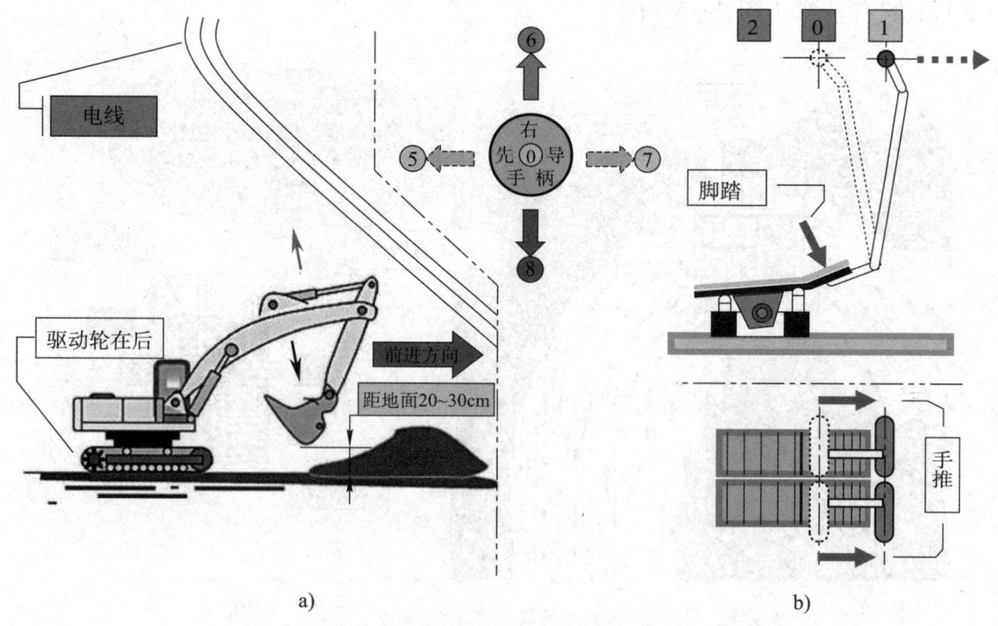

图 2—3—66 前进方向行走与升或降动臂复合操作

a）前进方向行走同时升或降动臂 b）操纵杆动作

（2）倒退方向行走与升或降动臂复合操作（图 2—3—67）

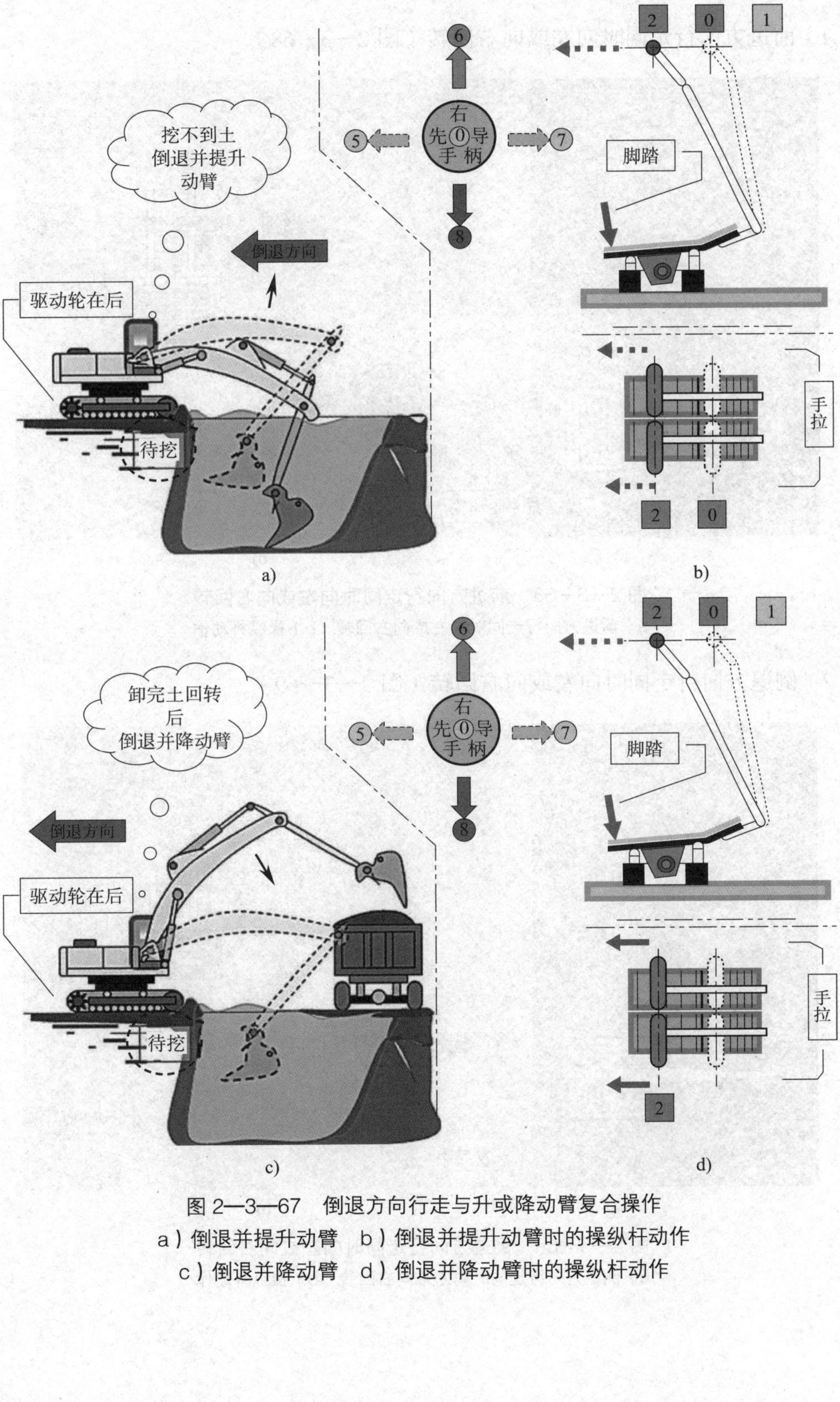

图 2—3—67　倒退方向行走与升或降动臂复合操作
a）倒退并提升动臂　b）倒退并提升动臂时的操纵杆动作
c）倒退并降动臂　d）倒退并降动臂时的操纵杆动作

2. 行走与回转复合操作

（1）前进方向行走同时向左或向右回转（图 2—3—68）

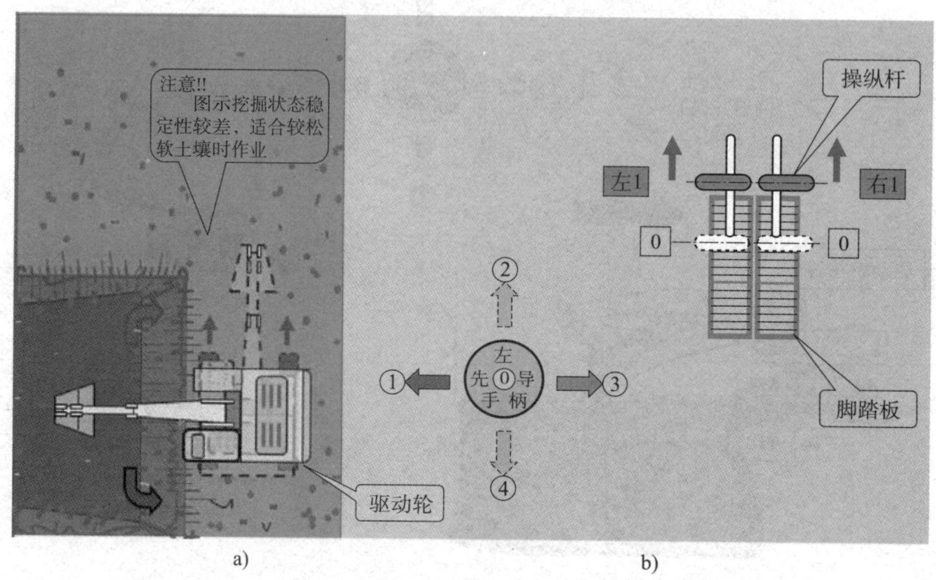

图 2—3—68 前进方向行走同时向左或向右回转

a）前进方向行走同时向左或向右回转 b）操纵杆动作

（2）倒退方向行走同时向左或向右回转（图 2—3—69）

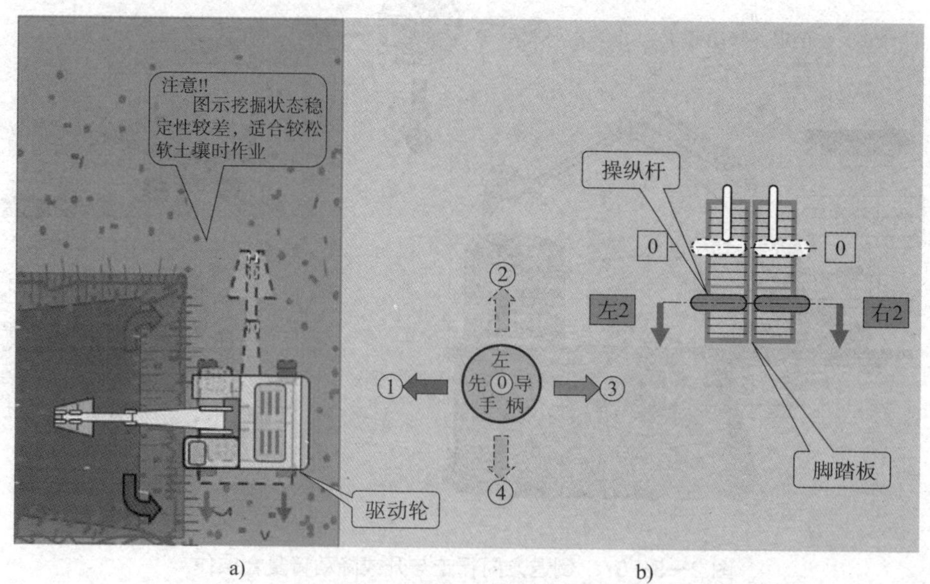

图 2—3—69 倒退方向行走同时向左或向右回转

a）倒退方向行走同时向左或向右回转 b）操纵杆动作

3. 行走与斗杆复合操作

（1）前进方向行走同时回缩斗杆（图 2—3—70）

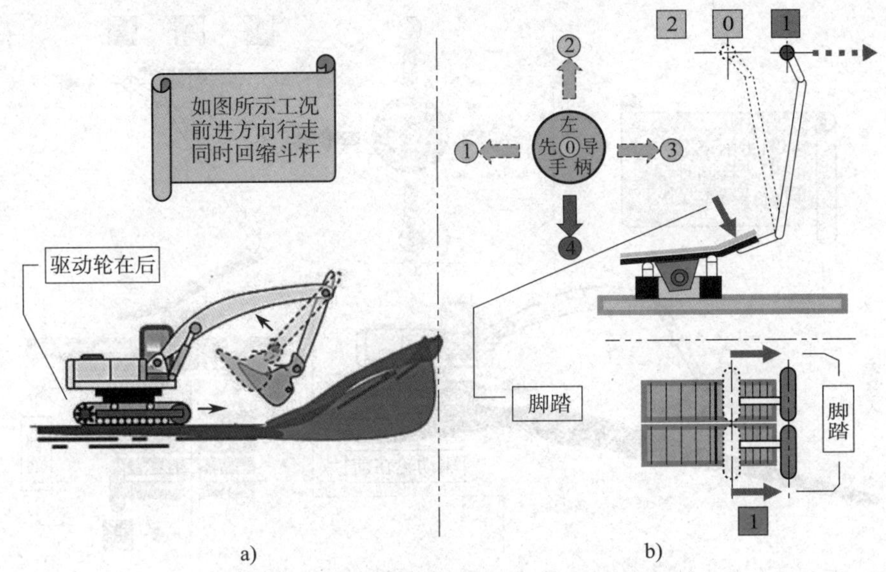

图 2—3—70　前进方向行走同时回缩斗杆
a）前进方向行走同时回缩斗杆　　b）操纵杆动作

（2）下坡行走同时伸出斗杆（图 2—3—71）

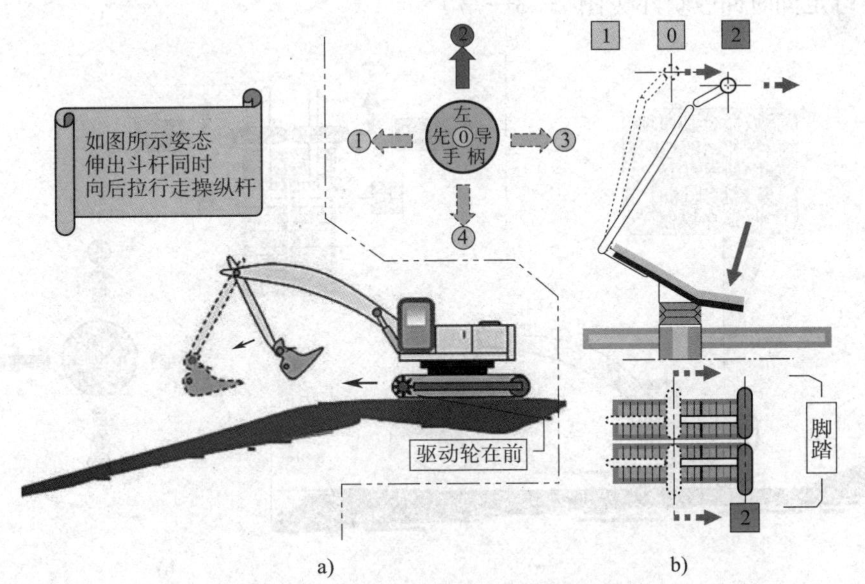

图 2—3—71　下坡行走同时伸出斗杆
a）下坡行走同时伸出斗杆　b）操纵杆动作

4. 行走与铲斗复合操作

（1）行走同时上翻铲斗（图 2—3—72）

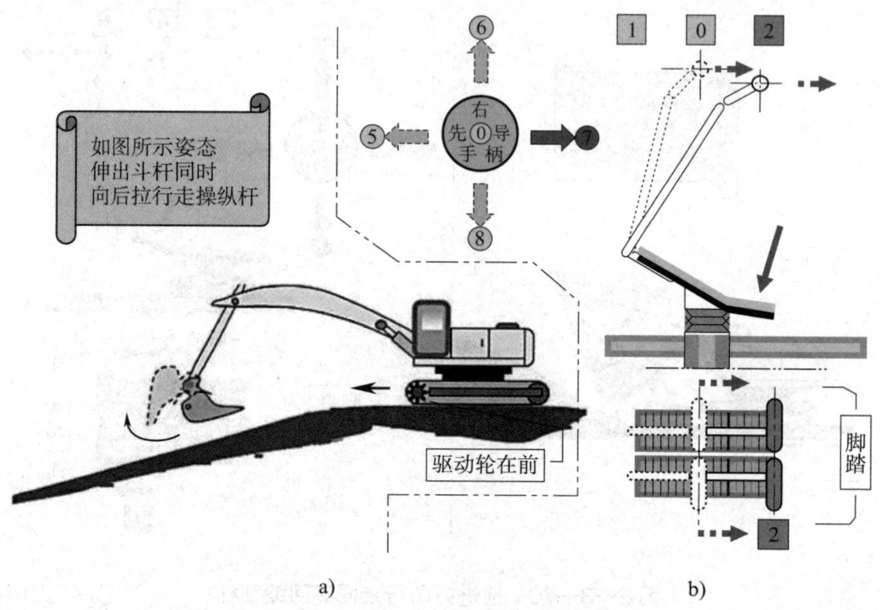

a)　　b)

图 2—3—72　行走同时上翻铲斗

a）行走同时上翻铲斗　b）操纵杆动作

（2）行走同时回收铲斗（图 2—3—73）

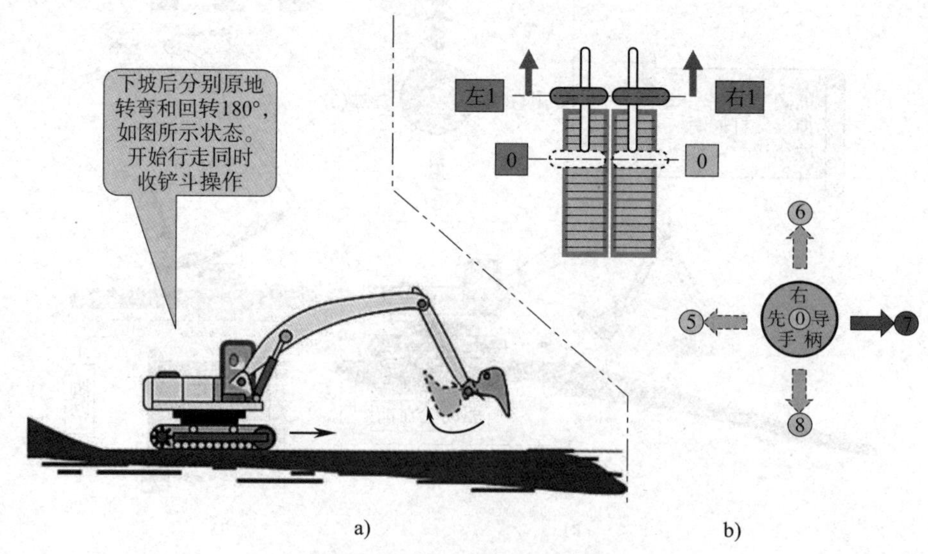

a)　　b)

图 2—3—73　行走同时回收铲斗

a）行走同时回收铲斗　b）操纵杆动作

5. 挖掘机空载复合操作口诀

（1）复合操作动作多。

（2）灵活应用勤琢磨。

（3）杂技动作要不得。

（4）只要合理任创造。

八、技能操作

1. 根据操作项目完成检查内容

序号	操作项目	示意图	操作要求
1	油液渗漏检查	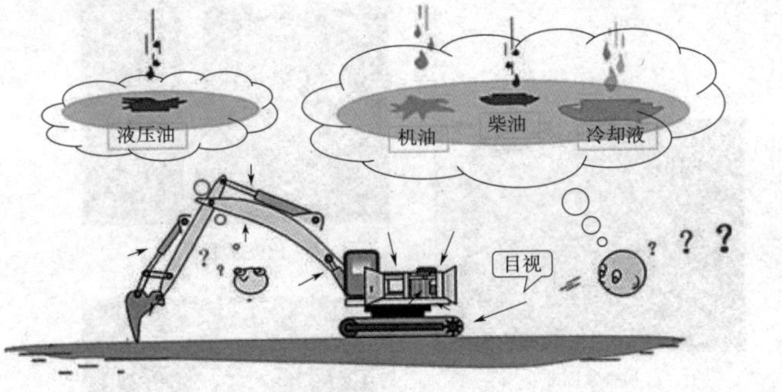	按箭头所指的位置检查液压油、柴油、机油、冷却液是否有渗漏现象
2	三油一水检查	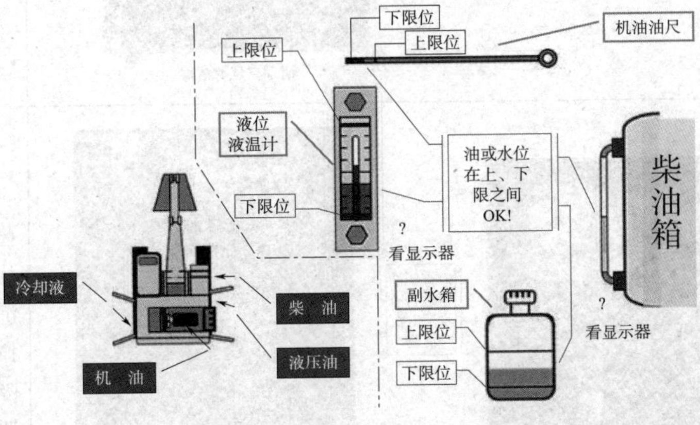	按图示所指的位置检查冷却液、柴油、机油和液压油液位是否在指定位置

续表

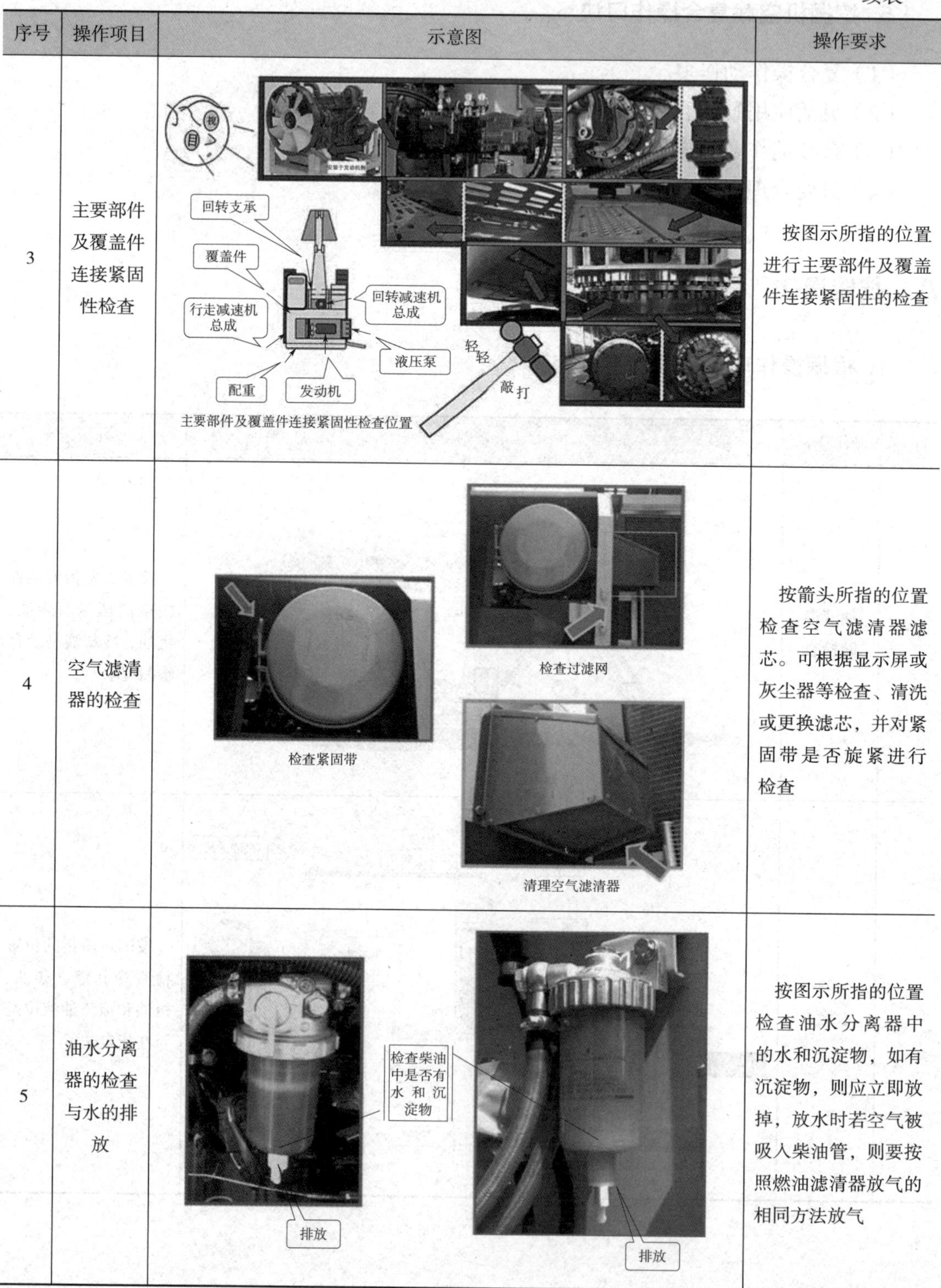

序号	操作项目	示意图	操作要求
3	主要部件及覆盖件连接紧固性检查	主要部件及覆盖件连接紧固性检查位置	按图示所指的位置进行主要部件及覆盖件连接紧固性的检查
4	空气滤清器的检查	检查紧固带 检查过滤网 清理空气滤清器	按箭头所指的位置检查空气滤清器滤芯。可根据显示屏或灰尘器等检查、清洗或更换滤芯，并对紧固带是否旋紧进行检查
5	油水分离器的检查与水的排放		按图示所指的位置检查油水分离器中的水和沉淀物，如有沉淀物，则应立即放掉，放水时若空气被吸入柴油管，则要按照燃油滤清器放气的相同方法放气

续表

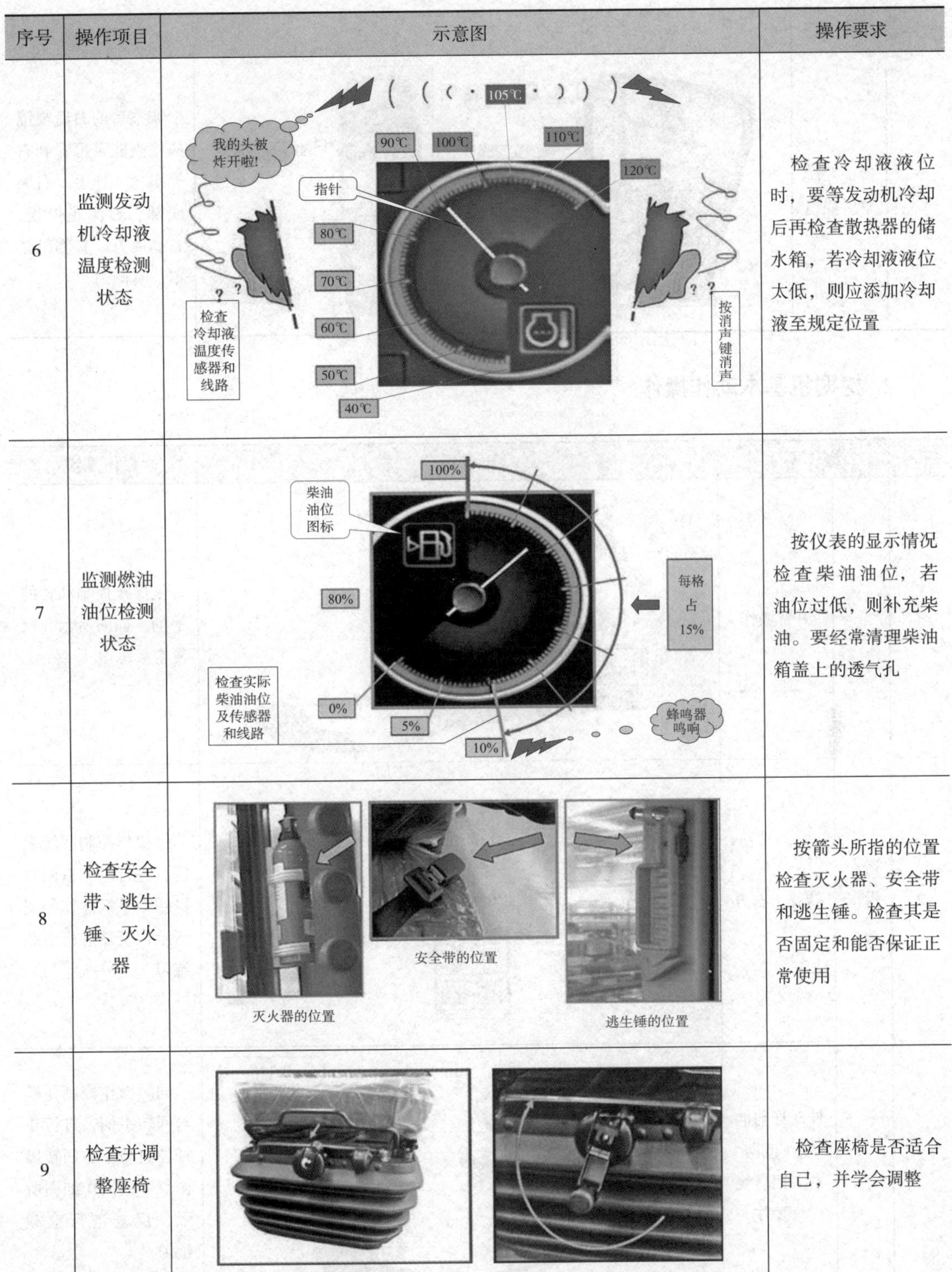

序号	操作项目	示意图	操作要求
6	监测发动机冷却液温度检测状态		检查冷却液液位时，要等发动机冷却后再检查散热器的储水箱，若冷却液液位太低，则应添加冷却液至规定位置
7	监测燃油油位检测状态		按仪表的显示情况检查柴油油位，若油位过低，则补充柴油。要经常清理柴油箱盖上的透气孔
8	检查安全带、逃生锤、灭火器	灭火器的位置 安全带的位置 逃生锤的位置	按箭头所指的位置检查灭火器、安全带和逃生锤。检查其是否固定和能否保证正常使用
9	检查并调整座椅		检查座椅是否适合自己，并学会调整

续表

序号	操作项目	示意图	操作要求
10	检查并调整后视镜	右侧机顶 扶　手 右侧底部 右侧履带板 右侧后方 右侧机棚罩 右侧门	调整后的右后视镜应检查能否看到右侧机顶、扶手、右侧底部、右侧履带板、右侧后方、右侧机棚罩、右侧门

2. 挖掘机基本动作操作

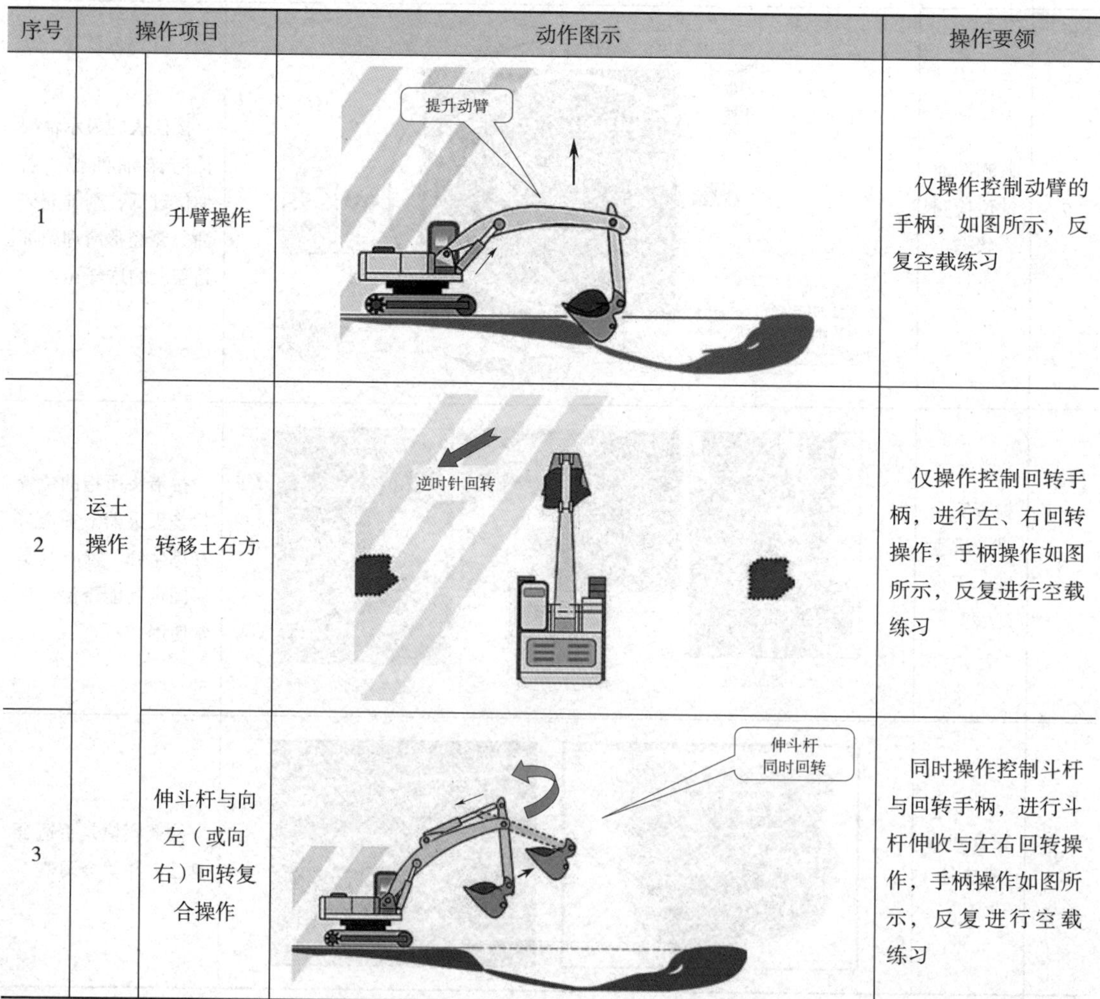

序号	操作项目		动作图示	操作要领
1	运土操作	升臂操作		仅操作控制动臂的手柄，如图所示，反复空载练习
2		转移土石方		仅操作控制回转手柄，进行左、右回转操作，手柄操作如图所示，反复进行空载练习
3		伸斗杆与向左（或向右）回转复合操作		同时操作控制斗杆与回转手柄，进行斗杆伸收与左右回转操作，手柄操作如图所示，反复进行空载练习

续表

序号	操作项目		动作图示	操作要领
4	运土操作	提升动臂、伸斗杆及回转装车复合操作		同时操作控制动臂、斗杆与回转手柄，进行动臂升降、斗杆伸收与左右回转操作，手柄操作如图所示，反复进行空载练习
5	卸土操作	仅上翻铲斗卸土操作		仅操作控制上翻铲斗手柄，进行卸土操作，手柄操作如图所示，反复进行空载练习
6		调整动臂或斗杆并上翻铲斗进行复合操作	调整动作略	当挖掘机在卸土时，由于位置不当，需对动臂、斗杆做适当调整从而进行的复合操作
7		回转和上翻铲斗复合操作		同时操作控制回转和上翻铲斗手柄，进行回转和上翻铲斗操作，手柄操作如图所示，反复进行空载练习

续表

序号	操作项目		动作图示	操作要领
8	卸土操作	回转和上翻铲斗复合操作	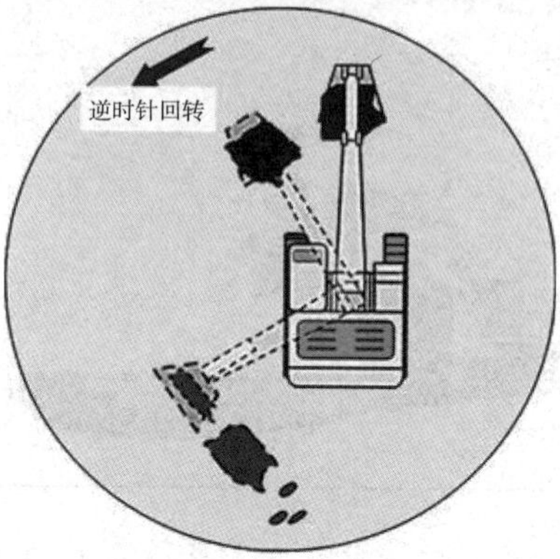	同时操作控制回转和上翻铲斗手柄，进行回转和上翻铲斗操作，手柄操作如图所示，反复进行空载练习
9	挖掘、运土、卸土连贯动作练习		如上面三个过程	在练习完单个动作后，对上述三个过程连贯动作进行反复练习
10	行走操作	直线行走	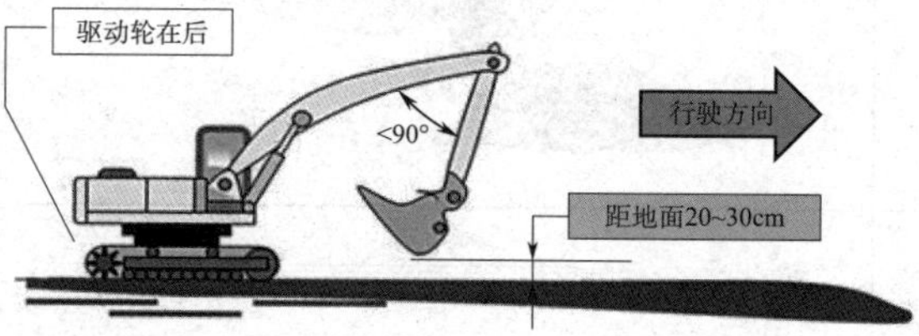	高、低速的调节通过高、低速开关进行控制。在行走的过程中斗杆与动臂之间的夹角稍小于90°，铲斗底部与地面的距离保持在20～30 cm。驱动轮保持在后，导向轮在前
11			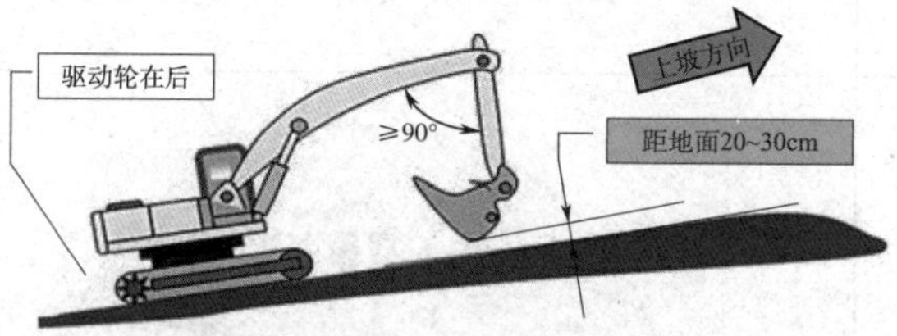	上坡直线行走时，同样要保持驱动轮在后（下），斗杆与动臂夹角至少保持90°，铲斗底部与斜坡表面之间的距离保持在20～30 cm
12			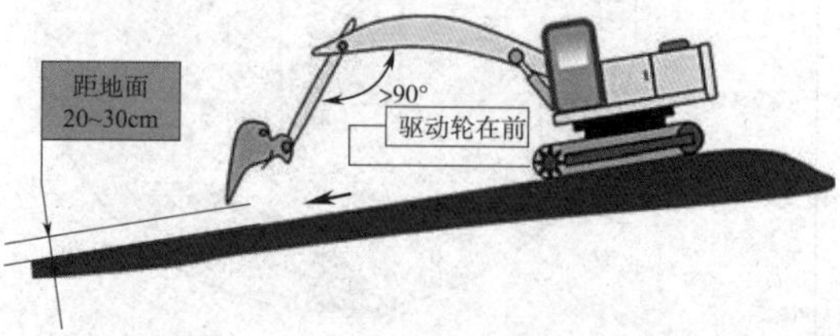	下坡直线行走需要将驱动轮在前（下），导向轮在后，斗杆与动臂夹角大于90°，铲斗外翻，铲齿距地面20～30 cm

续表

序号	操作项目		动作图示	操作要领
13	行走操作	转弯	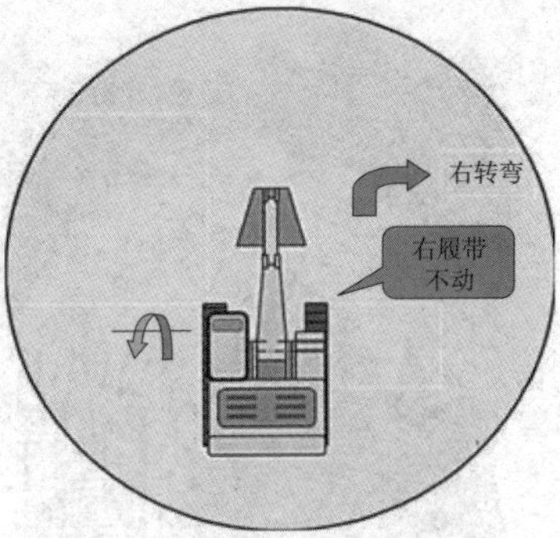	单边驱动转弯： 1. 右转弯：左操纵杆向前推，右操纵杆不动 2. 左转弯：右操纵杆向前推、左操纵杆不动则挖掘机向左转
14	行走操作	转弯		双边驱动转弯： 1. 右转弯：左操纵杆向前推，右操纵杆向后拉，达到两边同时驱动、原地右旋转的目的 2. 左转弯：右操纵杆向前推，左操纵杆向后拉，达到两边同时驱动、原地左旋转的目的
15	行走操作	上坡转弯	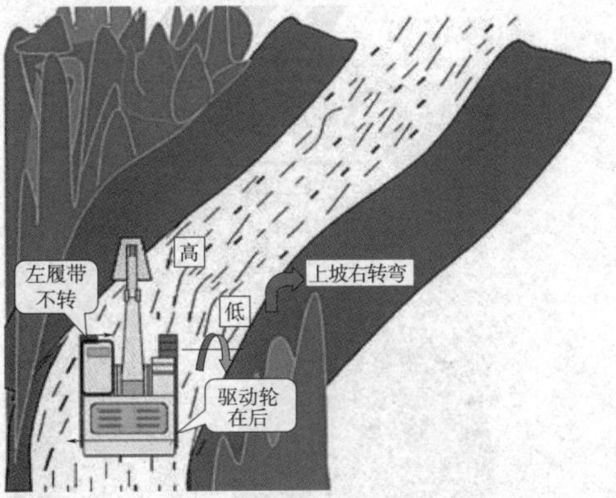	上坡右转弯：驱动轮在后，导向轮在前，操作时采用左履带不转的单边驱动转弯操作

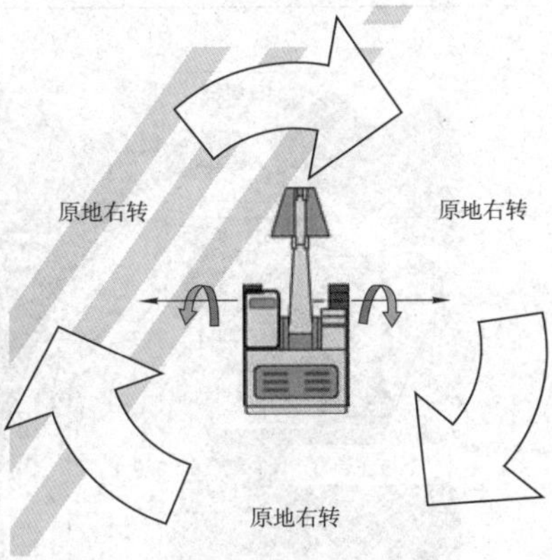

续表

序号	操作项目		动作图示	操作要领
16	行走操作	上坡转弯		上坡左转弯：驱动轮在后，导向轮在前，操作时采用右履带不转的单边驱动转弯操作
17		下坡转弯		下坡左转弯：驱动轮在前，导向轮在后，右边高，左边低，操作时采用右履带不转的单边驱动转弯操作
18				下坡右转弯：驱动轮在前，导向轮在后，右边低，左边高，操作时采用左履带不转的单边驱动转弯操作

续表

序号	操作项目		动作图示	操作要领
19	空载复合操作	行走与动臂复合操作	电线 驱动轮在后 前进方向 距地面20~30cm	前进方向行走与升或降动臂复合操作：驱动轮在后，导向轮在前，注意升降动臂与前进行走协调进行
20			挖不到土 倒退并提升动臂 倒退方向 驱动轮在后 待挖	倒退方向行走与升或降动臂复合操作：驱动轮在后，导向轮在前，注意倒退与升降动臂协调进行
21			卸完土回转后 倒退并降动臂 倒退方向 驱动轮在后 待挖	

续表

序号	操作项目		动作图示	操作要领
22	空载复合操作	行走与回转复合操作	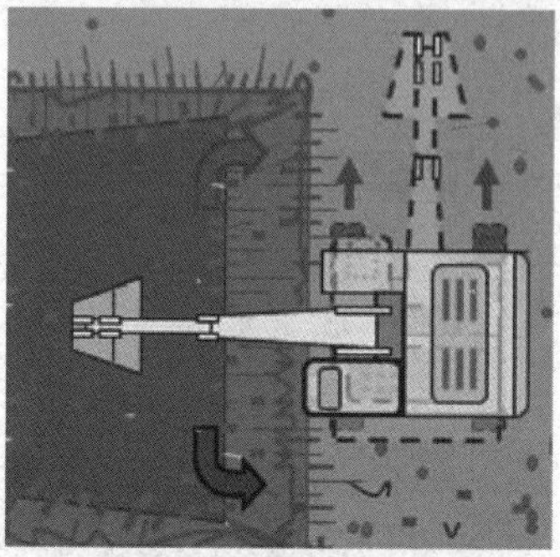	前进方向行走同时向左或向右回转：驱动轮在后，导向轮在前，注意行走与回转协调进行
23			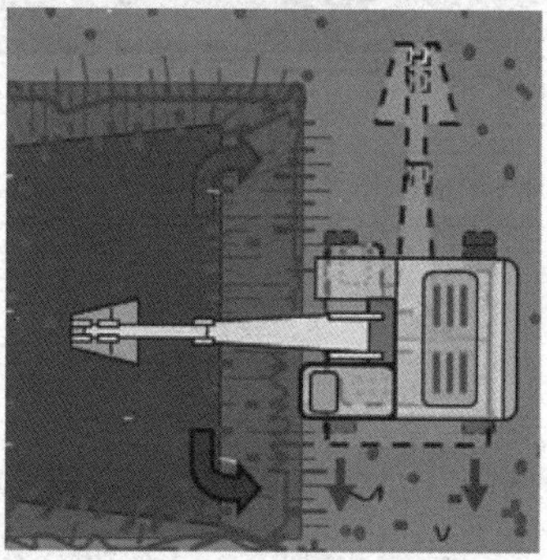	倒退方向行走同时向左或向右回转：驱动轮在后，导向轮在前，注意行走与回转协调进行
24		行走与斗杆复合操作	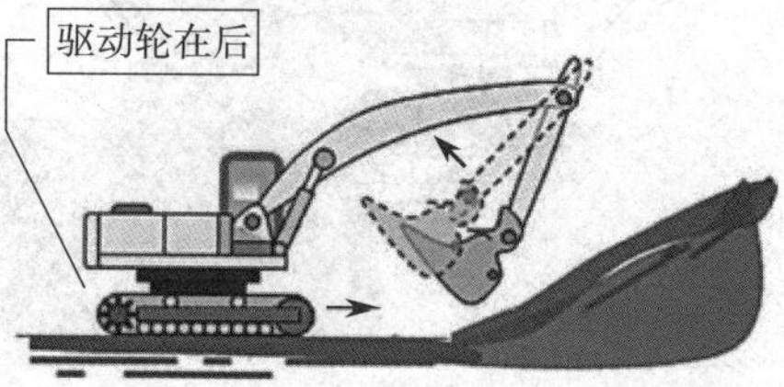 驱动轮在后	前进方向行走同时回缩斗杆：驱动轮在后，导向轮在前，前进时需适当回缩斗杆以保持铲斗与地面的距离，前进与斗杆回缩协调进行
25			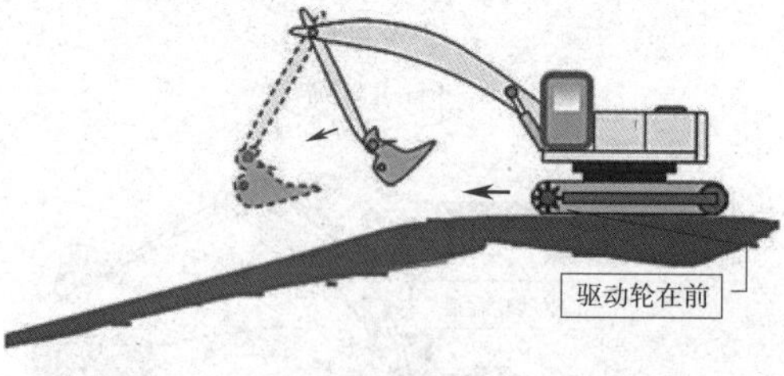 驱动轮在前	下坡行走同时伸出斗杆：驱动轮在前，导向轮在后，下坡时向前伸出斗杆以保持整个机器的平衡，前进与斗杆伸出协调进行
26		行走与铲斗复合操作	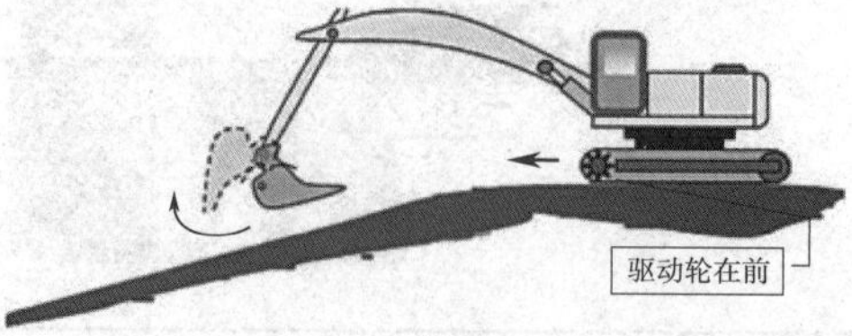 驱动轮在前	行走同时上翻铲斗：在下坡伸出斗杆的同时，向上翻铲斗

续表

序号	操作项目		动作图示	操作要领
27	空载复合操作	行走与铲斗复合操作		行走同时回收铲斗：当挖掘机从坡上行驶到平地上时，需回转 180° 上车并将上翻的铲斗回收

复习思考题

1. 简述挖掘机操作前巡检操作的内容。
2. 简述发动机起动前需巡检的内容。
3. 简述挖掘机行走的操作方法。
4. 简述空载复合的操作要领。
5. 简述挖掘的操作要领。
6. 简述运土的操作要领。
7. 简述卸土的操作要领。
8. 如图 2—3—74 所示挖掘机在斜坡上行走，哪种行走方式是正确的？

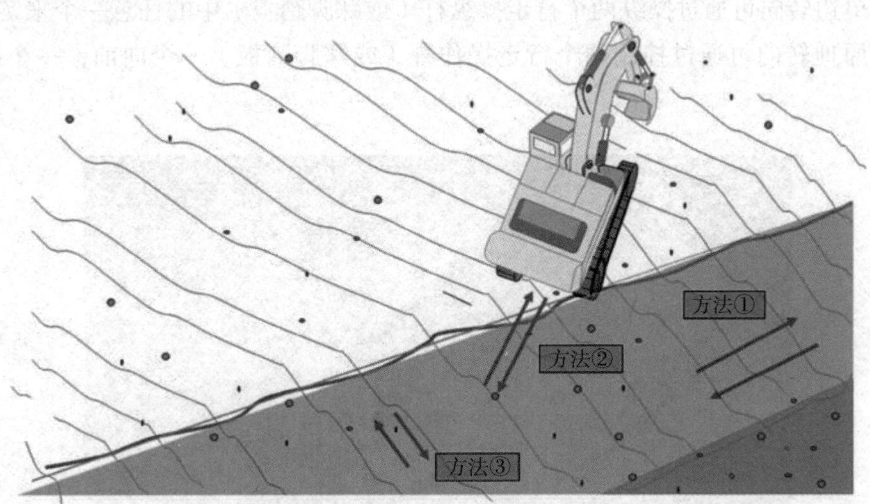

图 2—3—74　挖掘机在斜坡上行走

课题4　挖掘机的驾驶操作

学习目标

1. 明确挖掘机行驶停放的操作。
2. 明确挖掘机上下坡的操作。
3. 明确挖掘机跨越障碍的操作。
4. 明确挖掘机上下平板车的操作。

一、行驶停放操作

1. 操作方法

（1）将铲斗、斗杆完全收到位，动臂放低，前进，如图 2—4—1 所示。

（2）将机器行走至停放位置，将铲斗完全打开，斗杆垂直于地面，动臂与斗杆垂直，如图 2—4—2 所示。

（3）直行可通过操纵两个行走操纵杆（或踩脚踏板）往同一个方向来实现。

（4）单边转向可通过操纵两个行走操纵杆（或踩脚踏板）中的任意一个来实现。

（5）原地转向可通过控制两个行走操作杆（或踩脚踏板）一个向前，一个向后操作来实现。

图 2—4—1　挖掘机行驶

图 2—4—2　挖掘机停放

2. 注意事项

（1）起动机器，机械以怠速状态运转 5 ~ 10 min，达到预热要求后再进行操作；要检查机体上部的方位，驱动轮在行走架的后面时为前进方向；行走前先鸣笛，根据行走方向操纵行走踏板或操纵杆；行走过程中应注意观察周围环境。

（2）液压挖掘机在不良路面上行驶时，要低速移动机器，不要突然改变方向。

（3）在路肩或狭窄的地方行走时应设置指挥员，指挥液压挖掘机按引导信号行走。

（4）机器应尽可能停放在水平地面上，如果必须在斜坡上停机时，要用楔块卡住履带并把铲斗插入地面。在公路上停放时，要设置围栏，机器上悬挂警示旗或信号灯，以警示行人，应确保机器、旗子和灯不影响交通。

（5）停好车，关闭液压安全锁、操纵杆，怠速运转 5 min，关闭发动机，锁好门窗离开。

二、上、下坡操作

上、下坡分为坡度低于 35°（70%）的操作和坡度超过 35°（70%）的操作两种。

1. 坡度低于 35°（70%）的操作（图 2—4—3）

（1）操作方法

1）上坡时将挖掘机对正上坡方向，斗杆、铲斗打开，斗杆与动臂应保持 140° 左右的夹角，使铲斗斗齿尖与坡面保持约 30 cm 高度，操纵行走踏板或操纵杆匀速行走，注意坡缘与挖掘机铲斗的距离，挖掘机不允许走偏。

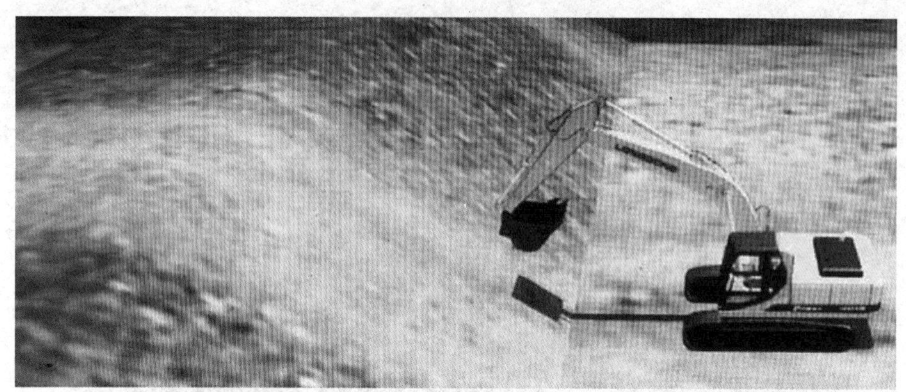

图 2—4—3　挖掘机上、下坡

2）下坡时斗杆打开，斗杆与动臂应保持 90°~ 110° 的夹角。铲斗收回使铲斗底部与地面平行，并保持约 30 cm 高度，以防止机器向前倾翻，匀速行走至坡底。

（2）注意事项

1）行驶前，要检查机体上部的方位，驱动轮在行走架的后面时为前进方向。

2）操作时应将挖掘机放正走直，匀速行驶，不求快而求稳，不推铲路面。

3）挖掘机在斜坡上转弯或横穿斜坡是十分危险的，一定要走到一个平坦的地方来完成这些动作，转向时尽量低速行驶，转大弯时尽量多次操作转向，虽然时间长些，但能确保安全。

4）严禁铲斗在斜坡上回转，因为这样容易使机器因失去平衡而侧翻、滑动，若必须在斜坡上回转，则应在较平缓的坚固的斜坡上低速小心地进行操作。

5）上、下坡前先了解坡的斜度，最大不要超过 35°。

6）不能倒退下坡，下坡时驱动轮在前面。

7）在斜坡上停车时，即便短时间停车也应把铲斗放下，并将斗齿插入土壤中。

8）在上坡行驶时，若履带板打滑，除了依靠履带板的驱动力行驶上坡外，还应利用斗杆的拉力帮助机器上坡。

2. 坡度超过 35°（70%）的操作

（1）上坡

1）操作方法。操作方法如图 2—4—4 所示，上坡时将铲齿插入坡面，在脚踩向上行驶的同时同步进行收斗杆操作。

2）注意事项

①行驶前，要检查机体上部的方位，驱动轮在行走架的后面时为前进方向。

②将铲斗插入土壤内，爬坡的同时进行收斗杆操作；另取两块楔木备用，如图 2—4—5 所示。

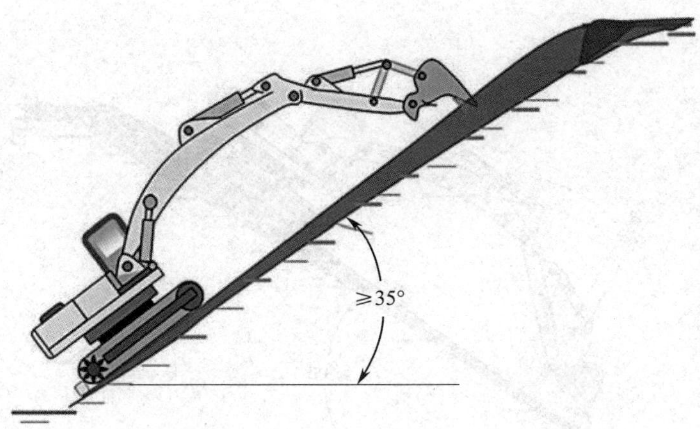

图 2—4—4 上坡行走操作方法

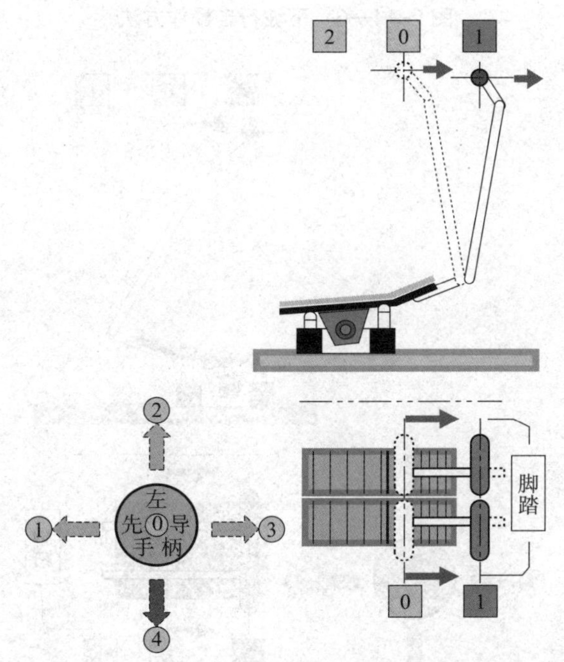

图 2—4—5 上坡行走先导操作

（2）下坡

1）操作方法。操作方法如图 2—4—6 所示，下坡时将铲齿插入坡面，在脚踩向下行驶的同时同步进行收斗杆操作。

2）注意事项

①行驶前，要检查机体上部的方位，此时下坡要保证驱动轮在下坡方向。

②行驶时，注意脚向后踩踏板是前进。

③将铲斗插入土壤内，下坡的同时进行收斗杆操作；另取两块楔木备用，如

图 2—4—7 所示。

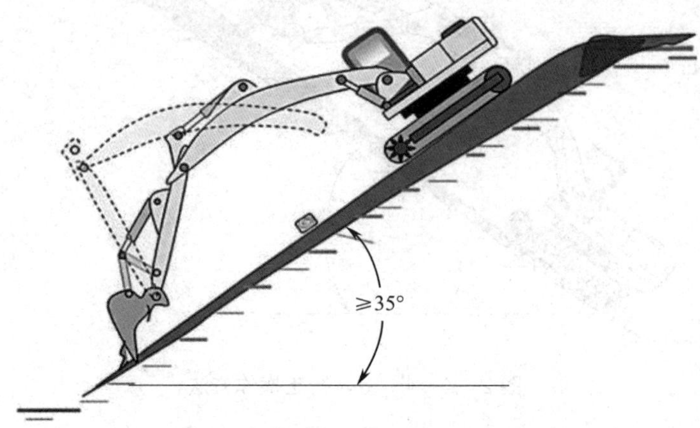

图 2—4—6 下坡行走操作方法

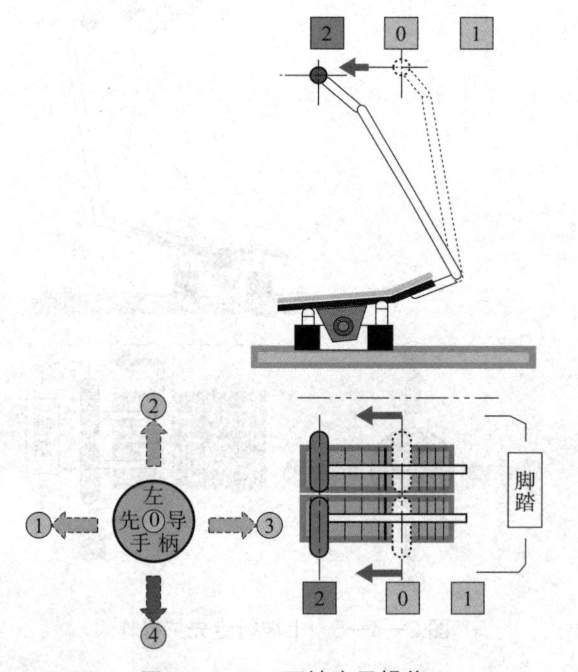

图 2—4—7 下坡先导操作

三、通过障碍物的操作

如图 2—4—8 所示，在通过障碍时，两边履带所受力比较均匀，可以顺利通过。如图 2—4—9 所示为通过障碍的错误方法，行走时，尽量避免碰撞坚硬障碍物，尤其应避免履带板边缘从坚硬障碍物通过。确实无法到达目的地时，应顶起一端履带使其中心线压在障碍物中间通过。

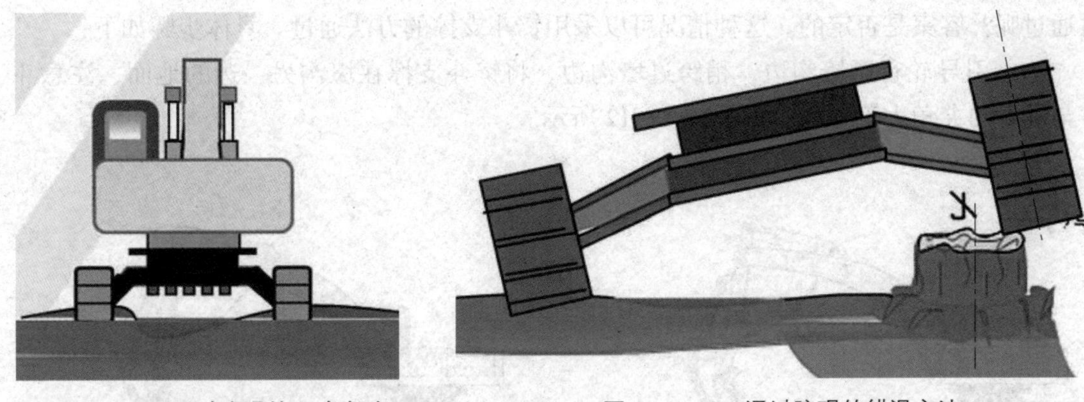

图 2—4—8　通过障碍的正确方法　　　图 2—4—9　通过障碍的错误方法

四、通过壕沟的操作

跨越壕沟有两种情况，一种是壕沟的宽度超过轮距，另一种是壕沟的宽度小于轮距。

1. 壕沟宽度超过轮距

如图 2—4—10 所示，由于壕沟的宽度超过轮距，所以无法直接通过。那如何通过呢？可以通过填土的方式通过，即不断将挖掘机引导轮前的沟填上土，然后前进，再重复填土动作，直至将沟填至挖掘机能通过为止。

图 2—4—10　壕沟宽度超过轮距

2. 壕沟宽度小于轮距

如图 2—4—11 所示，当挖掘机要通过宽度小于轮距的壕沟时，是否还要将它填埋上再通过呢？答案是否定的。这种情况可以采用铲斗支撑的方法通过。具体步骤如下：

（1）引导轮行至壕沟边，稍跨过壕沟边，将铲斗支撑在壕沟另一边的地面，注意斗杆与动臂的夹角大于 90°，如图 2—4—12 所示。

图 2—4—11 壕沟宽度小于轮距　　图 2—4—12 铲斗支撑地面开始行走

（2）当铲斗支撑地面时，开始行走，在此过程中一边行走，一边要收斗杆，注意前进与收斗杆要同步进行，行走至两轮跨越在壕沟上时，停止行走，如图 2—4—13 所示。

（3）当两轮跨越在壕沟上时停止行走，提升动臂并回转 180° 后使铲斗落地，注意斗杆与动臂的夹角小于 90°，如图 2—4—14 所示。

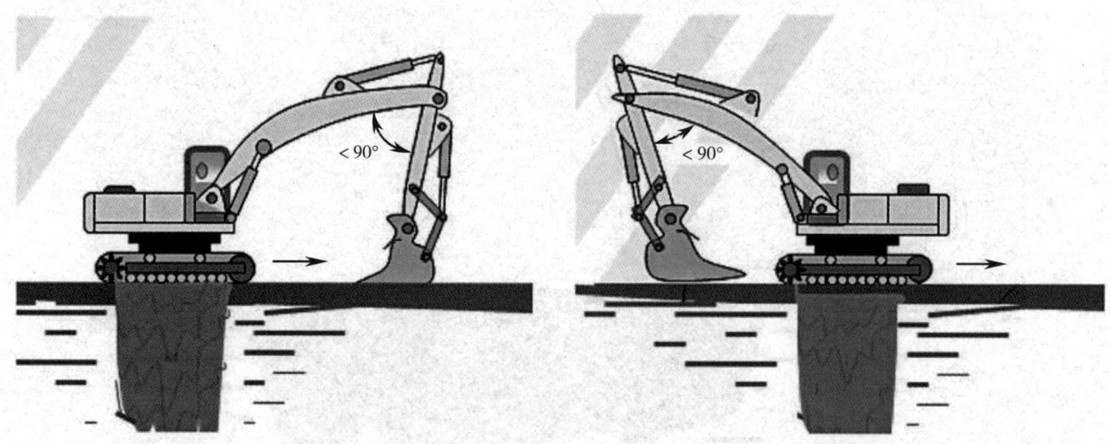

图 2—4—13 两轮跨越在壕沟上时停止行走　　图 2—4—14 提升动臂并回转 180° 后使铲斗落地

（4）铲斗落地后，开始行走（此时虽然行走方向没变，但相对于操作者而言是后退），在此过程中一边行走，一边要推斗杆，注意后退与伸斗杆要同步进行，行走至两轮跨越过壕沟时，停止行走，如图 2—4—15 所示。

图 2—4—15　跨越壕沟

五、上、下平板车操作

1. 上平板车操作

上平板车的操作步骤如下：

（1）将平板车停在较平坦、坚硬的地面。

（2）将平板车熄火并处于排气制动状态。

（3）将挖掘机导向轮开至平板车尾部。

（4）将铲斗底板置于平板车上，使动臂与斗杆夹角处于 90° ~ 110°，如图 2—4—16 所示。

图 2—4—16　上平板车操作（1）

（5）上述工作准备就绪，即可进行落动臂操作，使挖掘机导向轮端抬起，如图 2—4—17 所示。

（6）操作行走，使导向轮底部靠近平板车尾部，不得撞（碰）上，如图 2—4—18 所示。

图 2—4—17　上平板车操作（2）

图 2—4—18　上平板车操作（3）

（7）起升动臂操作，使导向轮底部落在平板车尾部，待挖掘机支撑稳定后，继续起升动臂，使铲斗（虚线所示）离开平板车，如图 2—4—19 所示。

图 2—4—19　上平板车操作（4）

（8）缓慢操作回转 180°，如图 2—4—20 所示。

图 2—4—20　上平板车操作（5）

（9）落动臂，使铲斗底板与地面接触，如图 2—4—21 所示。

图 2—4—21　上平板车操作（6）

（10）支撑稳定后，继续落动臂，使驱动轮抬离地面，如图 2—4—22 所示。

图 2—4—22　上平板车操作（7）

（11）缓慢向平板车内移动（行走）直至履带板全部进入车内，如图 2—4—23 所示。

（12）起升动臂，使铲斗最低位置高于平板车。

（13）继续往平板车内移动（行走）直至合适位置为止。

（14）收斗杆、铲斗，落动臂。

（15）用钢丝绳索将挖掘机紧固好。

第 12 步至第 15 步如图 2—4—24 所示。

图 2—4—23　上平板车操作（8）

图 2—4—24　上平板车操作（9）

2. 下平板车操作

（1）将平板车停在平坦、坚实的地面，并处于排气制动状态。

（2）解开钢丝绳索，如图 2—4—25 所示。

（3）提升动臂，使铲斗最低位置高于平板车。

（4）缓慢将挖掘机开至平板车尾部。

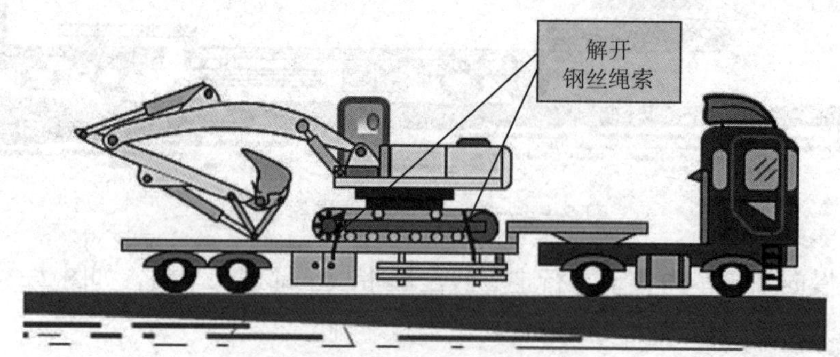

图 2—4—25　下平板车操作（1）

（5）将铲斗、斗杆调整至合适位置，如图 2—4—26 所示姿态，落下动臂，使铲斗底板与地面完全接触。

图 2—4—26　下平板车操作（2）

（6）支撑稳定后，继续行走，使导向轮整体在平板车尾部内，如图 2—4—27 所示姿态。

图 2—4—27　下平板车操作（3）

（7）缓慢起升动臂操作，使驱动轮与地面接触。

（8）确认支撑稳定后，继续起升动臂，使铲斗离开地面并回转 180°，如图 2—4—28 所示。

图 2—4—28　下平板车操作（4）

（9）落动臂操作，使铲斗底板落在平板车上，确认支撑稳定，如图 2—4—29 所示。

（10）继续落动臂，使驱动轮彻底离开平板车尾部，如图 2—4—30 所示。

（11）操纵行走踏板或操纵杆使机器后退行走，使驱动轮端的履带板最前端完全撤出平板车尾部，如图 2—4—31 所示。

图 2—4—29　下平板车操作（5）

图 2—4—30　下平板车操作（6）

图 2—4—31　下平板车操作（7）

（12）继续落动臂操作，使履带板完全与地面接触。

（13）提升动臂，使铲斗离开平板车。如图 2—4—32 所示。

图 2—4—32　下平板车操作（8）

六、技能操作

序号	操作项目		示意图	操作要求
1	挖掘操作练习	仅斗杆挖掘	斗杆 铲斗随斗杆动作	仅操作控制斗杆的手柄，如图所示反复练习该动作，将该动作熟练于心
2	挖掘操作练习	铲斗与斗杆复合挖掘	铲斗与斗杆同时动作	同时操作控制铲斗和斗杆的手柄，如图所示反复练习该动作，将该动作熟练于心

续表

序号	操作项目		示意图	操作要求
3	上、下坡练习	坡度低于35°（70%）的操作	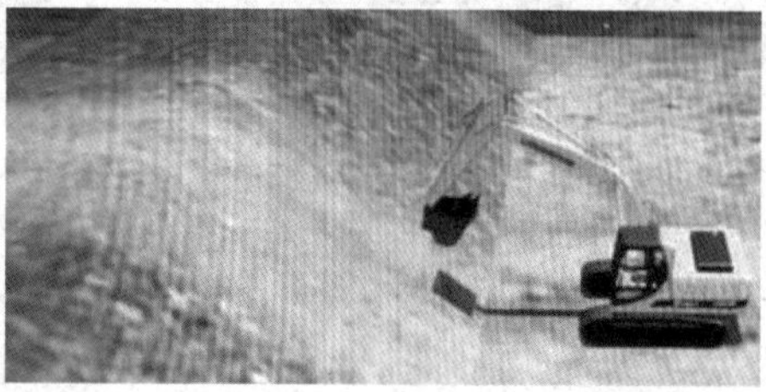	1. 上坡时将挖掘机对正上坡方向，斗杆、铲斗打开，斗杆与动臂应保持140°左右的夹角，使铲斗的斗齿尖与坡面保持约30 cm高度，操纵行走踏板或操纵杆匀速行走，注意坡缘与挖掘机铲斗的距离，挖掘机不允许走偏 2. 下坡时斗杆打开，斗杆与动臂应保持90°~110°的夹角。铲斗收回使铲斗底部与地面平行，并保持约30 cm高度，以防止机车向前倾翻，匀速行走至坡底
4		坡度超过35°（70%）的操作	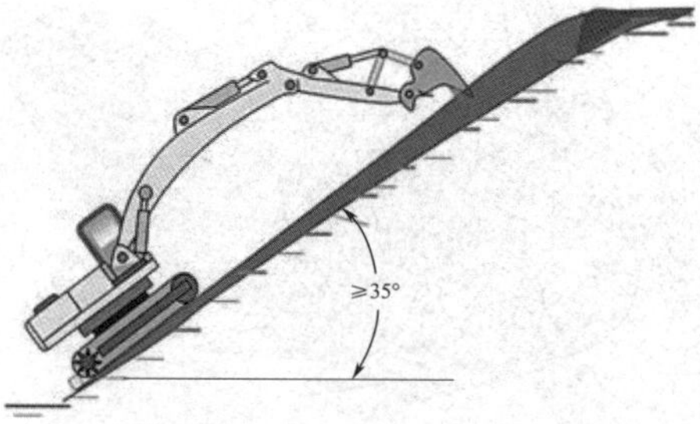	上坡时将铲齿插入坡面，在脚踩向上行驶的同时同步进行收斗杆操作。反复练习该动作，将该动作熟练于心
5			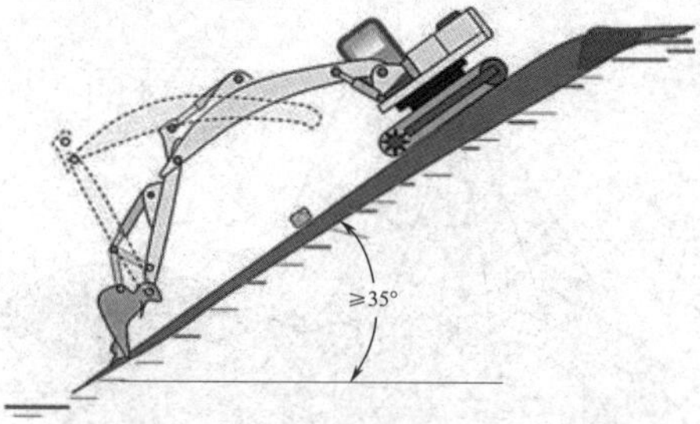	下坡时将铲齿插入坡面，在脚踩向下行驶的同时同步进行收斗杆操作。反复练习该动作，将该动作熟练于心
6	通过壕沟的操作	壕沟宽度超过轮距		可以通过填土的方式通过，即不断将挖掘机引导轮前的沟填上土，然后前进，再重复填土动作，直至将沟填至挖掘机能通过为止

续表

序号	操作项目		示意图	操作要求
7	通过壕沟的操作	壕沟宽度小于轮距	> 90°	注意铲斗、斗杆、动臂、行走之间的配合动作，反复进行练习

复习思考题

1. 简述上、下坡的操作方法及注意事项。
2. 如何跨越距离小于轮距的壕沟?
3. 简述行驶停放的方法及注意事项。
4. 简述上、下平板车的方法及注意事项。

课题 5　挖掘机的作业操作

学习目标

1. 明确挖掘机的土坑作业操作方法。
2. 熟悉挖掘机的结构拆解操作方法。
3. 明确挖掘机的道路清障作业操作方法。
4. 明确挖掘机的破碎岩石作业操作方法

一、挖土甩方操作

挖土甩方操作如图 2—5—1 所示。

图 2—5—1　挖土甩方操作

1. 操作方法

（1）机器在工作场地停放好后，把斗杆打开，铲斗口与斗杆臂杆基本呈平行状态后，铲斗落在地面上，回收斗杆到与地面基本呈垂直状态后停止，在收斗杆的同时点抬动臂、点收铲斗，使铲斗挖满、端平，抬起动臂，使斗底脱离地面后上车回转，在接近甩土指定地点时将斗杆打开、铲斗打开，将土甩在指定位置。回转机器使其到指定挖土位置后继续下一个挖土、甩土动作。

（2）液压挖掘机的挖掘作业主要靠斗杆挖掘。

（3）当铲斗液压缸与连杆，斗杆液压缸与斗杆彼此成 90° 角时，可获得最大的挖掘力和挖掘效率。铲斗进行挖掘时斗杆向前的角度应在 45° 以内，向后的角度则应在 30° 以内，在这样的角度范围内，动臂和斗杆同时作用可以提高工作效率。

（4）挖掘松软的土壤时铲斗的斗齿与地面成 45° 角切入，斗齿尖对着挖掘方向，使用全行程浅挖。

2. 注意事项

（1）挖掘作业应从机体的侧面开始，作业时严禁斗齿碰到履带。

（2）深挖时液压挖掘机稍向前倾，保持履带不露出坡顶。

二、坑沟填埋操作

坑沟填埋的操作如图 2—5—2 所示。

图 2—5—2　坑沟填埋操作

1. 操作方法

（1）机器停放在工作位置后，把斗杆完全打开，铲斗口与斗杆臂杆基本呈平行状态后，铲斗落在地面上，回收斗杆到与地面基本呈垂直状态后停止，在收斗杆的同时点抬动臂、点收铲斗，使铲斗挖满、端平，抬起动臂，使斗底脱离地面后上车回转，回转至坑沟位置后，打开铲斗、收斗杆、抬动臂把土卸在坑沟内。

（2）液压挖掘机的挖掘作业主要靠斗杆挖掘。

（3）挖掘松软的土壤时铲斗的斗齿与地面成 45° 角切入，斗齿尖对着挖掘方向，使用全行程浅挖。

（4）液压挖掘机履带的行走方向与沟渠的方向一致，行走马达位于后方，一面后退，一面挖掘。

2. 注意事项

（1）挖掘作业应从机体的侧面开始，作业时严禁斗齿碰到履带。

（2）深挖时液压挖掘机稍向前倾，保持履带不露出坡顶。

三、土堤作业操作

土堤作业操作如图 2—5—3 所示。

图 2—5—3　土堤作业操作

1. 操作方法

（1）机器停放在工作位置后，把斗杆完全打开，铲斗口与斗杆臂杆基本呈平行状态后，铲斗落在地面上，回收斗杆到与地面基本呈垂直状态后停止，在收斗杆的同时点抬动臂、点收铲斗，使铲斗挖满、端平，抬起动臂，使斗底脱离地面后上车回转，回转至车厢中间位置后，打开铲斗、收斗杆、抬动臂把土卸在车厢中间。

（2）液压挖掘机的挖掘作业主要靠斗杆挖掘。

（3）当铲斗液压缸与连杆，斗杆液压缸与斗杆彼此成 90° 角时，可获得最大的挖掘力和挖掘效率。铲斗进行挖掘时斗杆向前的角度应在 45° 以内，向后的角度则应在 30° 以内，在这样的角度范围内，动臂和斗杆同时作用可以提高工作效率。

（4）挖掘松软的土壤时铲斗的斗齿与地面成 45° 角切入，斗齿尖对着挖掘方向，使用全行程浅挖。

（5）液压挖掘机履带的行走方向与沟渠的方向一致，行走马达位于后方，一面后退，一面挖掘。

（6）装载后液压挖掘机可边做回转边降动臂，同时伸出斗杆与铲斗，机器回转到料堆旁并使铲斗接触料堆，进行下一循环的作业。

2. 注意事项

（1）挖掘作业应从机体的侧面开始，作业时严禁斗齿碰到履带。

（2）深挖时液压挖掘机稍向前倾，保持履带不露出坡顶。

（3）在路肩或狭窄的地方行走时应设置指挥员，指挥液压挖掘机按引导信号行走。

（4）当进行装载作业时，应先将挖掘机移到装载卡车后面，以免回转时铲斗碰到卡车驾驶室或其他人员，而且在卡车后面比在卡车旁边更容易装载。

（5）液压挖掘机沿前后方向进行作业。因为液压挖掘机的轴距比履带跨距宽，所以机器沿前后方向作业比采取侧向作业更稳定（除条件限制必须侧向作业外，通常应当保持在液压挖掘机前后方向进行作业）。

（6）液压挖掘机进行装载作业时要将自卸车停在容易观察的地方，尽量小角度回转，这样既能提高作业效率，也能确保安全。

（7）装车时，应在自卸车车厢从前向后，从中间向两边部位装车，应均匀装填，装载量会更大。

四、土沟作业操作

土沟作业操作如图 2—5—4 所示。

图 2—5—4 土沟作业操作

1. 操作方法

（1）机器停放在工作位置后，把斗杆完全打开，铲斗口与斗杆臂杆基本呈平行状态后，铲斗落在地面上，回收斗杆到与地面基本呈垂直状态后停止，在收斗杆的同时点抬动臂、点收铲斗，使铲斗挖满、端平，抬起动臂，使斗底脱离地面后上车回转，回转至车厢中间位置后，打开铲斗、收斗杆、抬动臂把土卸在车厢中间。

（2）液压挖掘机的挖掘作业主要靠斗杆挖掘。

（3）当铲斗液压缸与连杆，斗杆液压缸与斗杆彼此成 90° 角时，可获得最大的挖掘力和挖掘效率。铲斗进行挖掘时斗杆向前的角度应在 45° 以内，向后的角度则应在 30° 以内，在这样的角度范围内，动臂和斗杆同时作用可以提高工作效率。

（4）挖掘松软的土壤时铲斗的斗齿与地面成 45° 角切入，斗齿尖对着挖掘方向，使用全行程浅挖。

（5）液压挖掘机履带的行走方向与沟渠的方向一致，行走马达位于后方，一面后退，一面挖掘。

（6）通过配置与沟的宽度相对应的铲斗，使两侧履带与要挖沟的边线平行，可高效地进行挖沟作业。挖宽沟时，先挖两侧，最后挖去中间部分。

（7）装载后液压挖掘机可边做回转、边降动臂，同时伸出斗杆与铲斗，回转到料堆旁并使铲斗接触料堆，进行下一循环的作业。

2. 注意事项

（1）挖掘作业应从机体的侧面开始，作业时严禁斗齿碰到履带。

（2）当进行装载作业时，应先将挖掘机移动到装载卡车后面，以免回转时铲斗碰到卡车驾驶室或其他人员，而且在卡车后面比在卡车旁边更容易装载。

（3）液压挖掘机沿前后方向进行作业。因为液压挖掘机的轴距比履带跨距宽，所以机器沿前后方向作业比采取侧向作业更稳定（除条件限制必须侧向作业外，通常应当保持在液压挖掘机前后方向进行作业）。

（4）装运石块等岩石时铲斗应贴近自卸车车厢的底部进行。先装砂土等软性材料，然后再装岩石，这样可以保护自卸车车厢底免于损伤。

（5）液压挖掘机进行装载作业时要将自卸车停在容易观察的地方，尽量小角度回转，这样既能提高作业效率，也能确保安全。

（6）装车时，应在自卸车车厢从前向后，从中间向两边部位装车，应均匀装填，装载量会更大。

五、结构拆解操作

结构拆解操作如图 2—5—5 所示。

图 2—5—5　结构拆解操作

1. 操作方法

抬起动臂，伸出斗杆，张开铲斗，靠斗杆和铲斗的动作拆解结构。

2. 注意事项

不要挖掘机器上方凸出来的工作面，以防凸出部分塌方而砸坏机器，要从上往下依次进行保证安全。

六、道路清障操作

道路清障操作如图 2—5—6 所示。

1. 操作方法

斗杆与动臂应保持 90° ~ 110° 的夹角，铲斗背面应离地面 10 ~ 20 cm，靠斗杆的来回运动控制铲斗清障。

2. 注意事项

不能用铲斗侧面进行清障，这样容易造成斗杆和动臂变形。

图 2—5—6　道路清障操作

七、破碎岩石操作

破碎岩石操作如图 2—5—7 所示。

图 2—5—7　破碎岩石操作

1. 操作方法

（1）钎杆破碎锤主机的轨迹切向压紧破碎物，液压挖掘机稍稍顶起 10～15 cm，向钎杆方向施加压紧力后推动操纵杆或操纵踏板进行凿击。注意：顶起的高度不要太高，作用于钎杆前端的压紧力与顶起高度无关。

（2）破碎物一经破碎，必须立刻停止操作。

⚠ 注意：岩石裂开后仍继续冲击就变成空打，可能导致前螺栓松动和破损，或者导致液压挖掘机工作装置破损。

2. 注意事项

（1）软管振动异常时应停止作业。

当软管振动异常时，应检查破碎装置高低压软管，并查明原因，进行修理，在排除异常后方可继续作业。

（2）若对破碎锤施加的力不正确或用钎杆撬打，则容易打空（打空状态时敲打的声音不同）。

（3）禁止用破碎锤移动岩石。利用钎杆前端或者机架（纵形）和托座（横形）的侧面滚动或推倒岩石，会使破碎装置的螺栓折断，机架和托座破损，钎杆折断及缺损，损坏动臂、斗杆。

⚠ 注意：严禁使用加大行走力的方法来移动岩石。

（4）钎杆禁止用于撬动作业，将钎杆当作撬杠使用，会导致前螺栓和钎杆折断，衬套磨损。

（5）连续冲击时间不得超过 1 min。长时间凿击同一部位，钎杆易被磨损。因此，作业时应注意控制破碎锤连续冲击时间，当在同一部位冲击 1 min 还未裂开时，应改变钎杆的接触位置。

（6）大块岩石应从端部开始凿击，又大又硬的岩石，可以从石缝和已裂开的部位依次凿击破碎，这样破碎效率高。

（7）禁止在水下或者泥中进行破碎作业。作业中除钎杆之外，其他部分禁止进入水或泥中。若活塞锈蚀将导致破碎锤早期故障。

（8）严禁边回转边破碎、锤头插入后扭转以及水平或向上使用液压锤和将液压锤当凿子用。

八、找平作业操作

找平作业操作如图 2—5—8 所示。

图 2—5—8　找平作业操作

1. 操作方法

（1）找平又叫整平。在一块准备整平的地块上，先目测地面两端的高低度，然后从地面高的一端找到准平面，向低洼的一端依次找平，最后把高出准平面的土挖去，填平在低洼的地段，目测平整。

（2）挖掘机落动臂，打开斗杆到与动臂夹角约 45° 时将铲斗打开，使铲斗口与斗杆臂杆基本呈水平状态。

（3）当斗杆超过垂直位置时，先小心地下降动臂，再操作铲斗落到地面收斗杆，抬动臂，把土向后拉。

（4）从挖掘机前面的地面往后平整。机器旋转依次按顺序一抖挨着一抖地进行找平，使铲斗以水平方式前后移动，最后目测平整，视具体地形情况协调操纵动臂、斗杆及铲斗，完成找平工作。

2. 注意事项

（1）挖掘作业应从机体的侧面开始，作业时严禁斗齿碰到履带。

（2）当挖掘机移动时，不要用压或铲的方式来平整地面。

九、挖沟、刷坡操作

挖沟、刷坡操作如图2—5—9所示。

a）

b）

图2—5—9　挖沟、刷坡操作

a）挖沟　b）刷坡

1. 操作方法

（1）根据挖沟的数据要求，把机器停放在工作位置，先由两侧沟口按层次下挖到数据深度，把余土挖走；按数据要求进行刷坡，铲斗口与斗杆呈水平状态，从上口开始作业，落动臂、收斗杆，依次下刷；如刷左边坡就带动左旋转，反之带动右旋转；根据坡度数据要求由上至下到沟底角，最后清除沟底废土并找平沟底，以此类推按数据要求挖沟、刷坡。

（2）液压挖掘机的挖掘作业主要靠斗杆挖掘。

（3）当铲斗液压缸与连杆，斗杆液压缸与斗杆彼此成90°角时，可获得最大的挖掘力和挖掘效率。铲斗进行挖掘时斗杆向前的角度应在45°以内，向后的角度则应在30°以内，在这样的角度范围内，动臂和斗杆同时作用可以提高工作效率。

（4）挖掘松软的土壤时铲斗的斗齿与地面成45°角切入，斗齿尖对着挖掘方向，使用全行程浅挖。

（5）液压挖掘机履带的行走方向与沟渠的方向一致，行走马达位于后方，一面后退，一面挖掘。

2. 注意事项

（1）在施工前掌握地形及相关数据，如坡上口宽度、深度、坡比、甩土距离等。

（2）行车时，应先确定周围环境是否符合行车要求，确定导向轮位置后操纵行走踏板或操作杆进行行驶。

（3）不进行行车操作时，脚不要踏在行走踏板上。

（4）在车辆准备后退时，观察坡度是否符合要求，以免再返工作业。

（5）挖掘作业应从机体的侧面开始，作业时严禁斗齿碰到履带。

（6）深挖时液压挖掘机稍向前倾，保持履带不露出坡顶。

（7）在路肩或狭窄的地方行走时应设置指挥员，指挥液压挖掘机按引导信号行走。

十、技能操作

序号	操作项目	示意图	操作要求
1	挖土甩方练习	甩方区	机器在工作场地停放好后，把斗杆打开，铲斗口与斗杆臂杆基本呈平行状态后，铲斗落在地面上，回收斗杆到与地面基本呈垂直状态后停止，在收斗杆的同时点抬动臂、点收铲斗，使铲斗挖满、端平，抬起动臂，使斗底脱离地面后上车回转，在接近甩土指定地点时将斗杆打开、铲斗打开，将土甩在指定位置。回转机器使其到指定挖土位置后继续下一个挖土、甩土动作
2	坑沟填埋练习		机器停放在工作位置后，把斗杆完全打开，铲斗口与斗杆臂杆基本呈平行状态后，铲斗落在地面上，回收斗杆到与地面基本呈垂直状态后停止，在收斗杆的同时点抬动臂、点收铲斗，使铲斗挖满、端平，抬起动臂，使斗底脱离地面后上车回转，回转至坑沟位置后，打开铲斗、收斗杆、抬动臂把土卸在坑沟内 机器停放位置要合适，斗杆与动臂及回转配合熟练。参见坑沟填埋练习的操作要领

续表

序号	操作项目	示意图	操作要求
3	土堤作业练习		机器停放在工作位置后，把斗杆完全打开，铲斗口与斗杆臂杆基本呈平行状态后，铲斗落在地面上，回收斗杆到与地面基本呈垂直状态后停止，在收斗杆的同时点抬动臂、点收铲斗，使铲斗挖满、端平，抬起动臂，使斗底脱离地面后上车回转，回转至车厢中间位置后，打开铲斗、收斗杆、抬动臂把土卸在车厢中间
4	土沟作业练习		机器停放在工作位置后，把斗杆完全打开，铲斗口与斗杆臂杆基本呈平行状态后，铲斗落在地面上，回收斗杆到与地面基本呈垂直状态后停止，在收斗杆的同时点抬动臂、点收铲斗，使铲斗挖满、端平，抬起动臂，使斗底脱离地面后上车回转，回转至车厢中间位置后，打开铲斗、收斗杆、抬动臂把土卸在车厢中间 注意斗杆与动臂及回转的配合，以及铲斗角度多大时才能达到最高效率，参见土沟作业练习的操作要领
5	结构拆解练习		抬起动臂，伸出斗杆，张开铲斗，靠斗杆和铲斗的动作拆解结构

续表

序号	操作项目	示意图	操作要求
6	道路清障练习		斗杆与动臂应保持 90°～110° 的夹角，铲斗背面应离地面 10～20 cm，靠斗杆的来回运动控制铲斗清障
7	破碎岩石		1. 钎杆破碎锤主机的轨迹切向压紧破碎物，液压挖掘机稍稍顶起 10～15 cm，向钎杆方向施加压紧力后推动操纵杆或操纵踏板进行凿击。注意：顶起的高度不要太高，作用于钎杆前端的压紧力与顶起高度无关 2. 破碎物一经破碎，必须立刻停止操作
8	找平作业练习		在一块准备整平的地块上，先目测地面两端的高低度，然后从地面高的一端找到准平面，向低洼的一端依次找平，最后把高出准平面的土挖去，填平在低洼的地段，目测平整。挖掘机落动臂，打开斗杆到与动臂夹角约 45° 时铲斗打开，使铲斗口与斗杆臂杆基本呈水平状态；当斗杆超过垂直位置时，先小心地下降动臂，再操作铲斗落到地面收斗杆，抬动臂，把土向后拉；从挖掘机前面的地面往后平整。机器旋转依次按顺序一抖挨着一抖地进行找平，使铲斗以水平方式前后移动，最后目测平整，视具体地形情况协调操纵动臂、斗杆及铲斗，完成找平工作

续表

序号	操作项目	示意图	操作要求
9	挖沟、刷坡操作		根据挖沟的数据要求，把机器停放在工作位置，先由两侧沟口按层次下挖到数据深度，把余土挖走；按数据要求进行刷坡，铲斗口与斗杆呈水平状态，从上口开始作业，落动臂、收斗杆，依次下刷；如刷左边坡就带动左旋转，反之带动右旋转；根据坡度数据要求由上至下到沟底角，最后清除沟底废土并找平沟底，以此类推按数据要求挖沟、刷坡

复习思考题

1. 简述坑沟填埋的操作方法及注意事项。
2. 简述找平作业的操作方法。
3. 简述挖沟、刷坡的操作要领。

模块三 挖掘机维护

课题 1 挖掘机定期保养维护

学习目标

1. 明确挖掘机的保养维护项目周期。
2. 熟悉挖掘机的定期保养维护安全规则与保养维护的方法。
3. 能根据挖掘机的型号正确选用各种油品。

一、保养维护项目周期

1. 保养维护

在进行润滑时要严格按照图中所给的时间进行润滑，具体如图 3—1—1 所示。

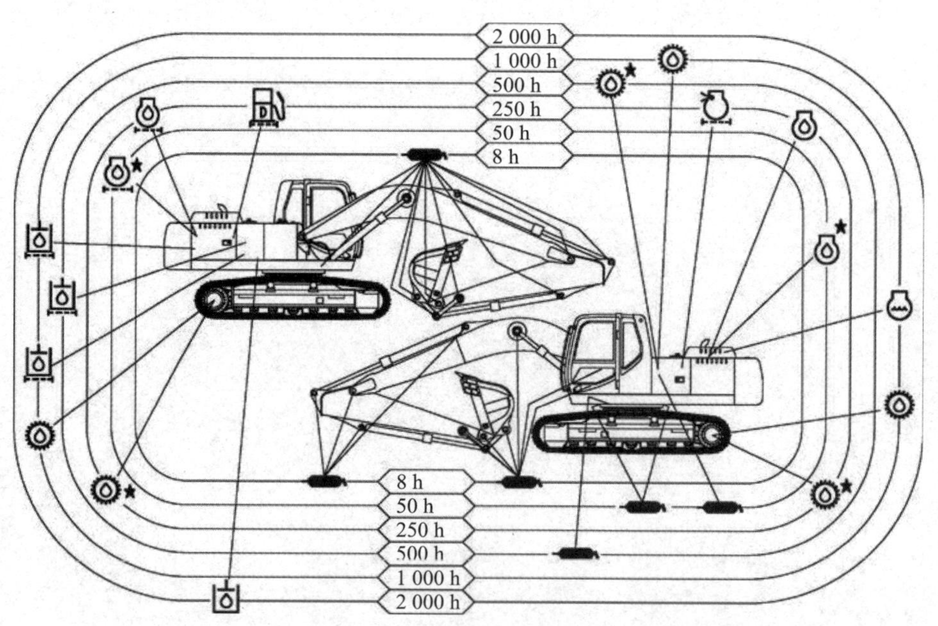

图 3—1—1 挖掘机保养维护

挖掘机保养维护指南：

（1）每天检查小时表读数，看是否到了必须要进行保养的时间。

（2）使用车用风窗玻璃清洗液并确保不要让脏物进入。

（3）要使用清洁的机油和润滑脂，并且要保持油或润滑脂容器的清洁，不要让杂质混入油和润滑脂中。

（4）要检查旧油和滤芯是否有金属屑和杂质，如果有则查明原因并采取措施修理。

（5）加注燃油时不要卸下粗滤芯。

（6）防止把东西掉到机器内部、油箱。

（7）当在灰尘多的工作场地时，要经常检查空气滤清器，及时清洁散热器，及时清洁和更换燃油滤芯，及时清洁电器部件上的灰尘，特别是马达和发电机上的灰尘。

（8）当检查或换油时，把机器移动到没有尘土的地方。

（9）避免混用润滑油。

（10）锁定检查盖。

（11）当液压装置经过修理或更换，或液压管路经过拆卸和安装时，必须排出油路中的空气。

（12）当有O形密封圈或密封垫的密封部件的部位拆卸零件时，要清洁安装面并用新零件更换。

（13）当安装软管时，不要把软管扭曲或弯曲成小直径的圈。

（14）对机器进行保养和维修时，应做相应记录并存盘。

（15）对于挖掘机而言，正确恰当地维护以确保其功能的正常发挥，这一点很重要，应保持机器清洁以便及时发现任何泄漏、螺栓松动或连接松动等故障。

（16）注意环境保护，不要让油液和其他对环境产生危害的物质污染环境。

（17）挖掘机操作者应按定期检查、维修保养的相关项目规定执行。

2. 保养周期表

（1）润滑周期表（表3—1—1）

表3—1—1　　润滑周期表

项目	序号	保养点		数量	时间间隔（h）							
					8	50	100	250	500	1 000	1 500	2 000
润滑脂	1	工作装置	铲斗和连杆销轴	9	√							
			其他	11	√							
	2	回转支承		3		√						
	3	回转减速机		1					√			
	4	回转装置油池		1					√			
发动机油	1	发动机油油位检查		1	√							
	2	发动机油更换				★		√				
	3	发动机油过滤器更换		1		★		√				

续表

项目	序号	保养点		数量	时间间隔（h）							
					8	50	100	250	500	1 000	1 500	2 000
齿轮油	1	行走减速机	油位检查	2				√				
			更换	2				★		√		
	2	回转减速机	油位检查	1				√				
			更换	1					★	√		

注：“★”表示只在第一次检查时需要保养。

根据润滑保养（图 3—1—1）和润滑周期表（表 3—1—1）的要求，每 8 h 对时间间隔为 8 h 润滑的项目进行润滑，如铲斗和连杆销轴等。每 50 h 对时间间隔为 50 h 润滑的项目进行润滑，如回转支承的润滑。依此类推，当小时表读数减去上次保养时的小时表读数所得的小时数达到润滑表中的时间时，就需要对相应的项目进行润滑保养。

（2）保养周期表（表 3—1—2）

表 3—1—2　　　　保养周期表

项目	序号	保养点		数量	时间间隔（h）							
					8	50	100	250	500	1 000	1 500	2 000
液压系统	1	检查液压油油位		1	√							
	2	排放油箱储油槽		1				√				
	3	更换液压油										√
	4	更换吸油过滤器		1						√		
	5	更换回油过滤器		1					√			
	6	更换先导油过滤器		1						√		
	7	检查软管和管路	漏油		√							
			裂纹、弯曲等					√				
燃油系统	1	排放燃油箱污物储槽		1	√							
	2	检查油水分离器		1	√							
	3	更换燃油过滤器（两级）		2				√				
	4	检查燃油软管	泄漏、裂纹		√							
			裂纹、弯曲等					√				
空气滤清器系统	1	空气滤清器外滤芯	清理	1	或当指示灯亮			√				
			更换	1	清洗 6 次或一年之后							
	2	空气滤清器内滤芯	更换	1	当外滤芯更换时							

续表

项目	序号	保养点	数量	时间间隔（h）							
				8	50	100	250	500	1 000	1 500	2 000
冷却系统	1	检查冷却液液位	1	√							
	2	检查、调节风扇传送带张力	1	√							
	3	更换冷却液（防冻液）		一年两次							
	4	清洗散热器和油冷却器滤芯、中冷器 外部	1	需要时				√			
		清洗散热器和油冷却器滤芯、中冷器 内部	1	当更换冷却水时							
	5	清扫油冷却器前方网罩	1	需要时				√			
	6	清扫空调器冷凝器	1	需要时				√			
其他	1	检查铲斗斗齿的磨损和松动		√							
	2	调整铲斗的连接	1	需要时							
	3	检查和更换安全带	1	√	每隔 3 年（更换）						
	4	检查前窗玻璃洗涤液位	1	需要时							
	5	检查履带垂度	2	需要时							
	6	检查空调器过滤器 循环空气过滤器 清扫	1					√			
		检查空调器过滤器 循环空气过滤器 更换	1	清扫 6 次以上后							
		检查空调器过滤器 新鲜空气过滤器 清扫	1					√			
		检查空调器过滤器 新鲜空气过滤器 更换	1	清扫 6 次以上后							
	7	检查空调	√								
	8	紧固发动机气缸头螺栓		需要时							
	9	检查并调整气门间隙						√			
	10	检查燃油喷射正时		需要时							
	11	检查起动器和交流发电机						√			
	12	检查螺栓和螺母，紧固扭矩		★		√					

注：“★”表示只在第一次检查时需要保养。

根据润滑保养（图 3—1—1）和保养周期表（表 3—1—2）的要求，每 8 h 对时间间隔为 8 h 保养的项目进行保养，如铲斗和连杆销轴等。每 50 h 对时间间隔为 50 h 保养的项目进行保养，如检查液压油油位等。依此类推，当小时表读数减去上次保养时的小时表读数所得的小时数达到保养时间时，就需要对相应的项目进行保养。

二、定期保养维护的安全规则

1. 安全保养

（1）防止事故

1）作业前了解保养规程。

2）保持作业区域的清洁和干燥。

3）不要在驾驶室内喷水或蒸汽。

4）机器移动时不可给机器加油润滑或进行保养。

5）避免手、脚和衣服与转动部件接触。

（2）保养机器前

1）将机器停放在水平地面上。

2）将铲斗降到地上。

3）以低速空载运转发动机 5 min。

4）把起动开关转至“OFF”（关）位置，停止发动机。

5）移动操纵杆几下释放液压系统内的压力。

6）从起动开关上取下钥匙。

7）在操纵杆处挂上“请勿操作”的标牌。

8）把安全锁定杆拉到“LOCK”（锁住）位置。

9）冷却发动机。

（3）如果保养必须在发动机运转的状态下实行，驾驶室内必须有合格的驾驶员。

（4）如果保养时必须抬起机器，应把动臂和斗杆之间的角度保持在 90° ~ 110°，牢牢地支撑住被抬起的机器任何部件，不可在被动臂抬起的机器下面作业。

（5）定期检查零部件，根据需要进行修理或更换。

（6）保持所有的零件处于良好的工作状态并被正确地安装。

（7）及时更换磨损或破碎的零件，清除任何积存的润滑脂、油或碎屑。

（8）使用不燃性洗涤油，绝对不要使用燃油、汽油等高度易燃性油清洗零件或表面。

（9）在对电气系统进行调节或在机器上进行焊接前，务必断开蓄电池的（–）接地电缆。

（10）给作业场所提供充分的照明。在机器下面或内部工作时，总是使用有护罩的工作灯；否则，灯泡的破碎可能点燃溅出的燃油、机油、防冻液、洗涤液等。

2. 飞扬碎片防护

如果碎片飞入眼里，或弹到身体的任何其他部分，将会导致重伤。

（1）使用护目镜或安全眼镜，防止飞扬的金属片或碎片的伤害。

（2）敲击物体时，防止他人进入工作区域。

3. 机器保养时警惕他人

预料之外的机器移动会导致重伤，在对机器进行任何保养前，在操纵杆上挂上“请勿操作”的标牌。

4. 正确支撑机器

绝对不要在没有支撑好机器前就对机器进行维修保养。

（1）维修保养机器之前总是将前端工作装置降到地上。

（2）如果必须抬起机器或前端工作装置进行维修保养，应支撑好机器或前端工作装置。不要用矿渣砖、空心轮胎或架子来支撑机器，它们在连续载荷下会坍塌，不要在采用单个千斤顶支撑的机器下面工作。

5. 远离转动部件

（1）卷入转动部件会导致重伤。

（2）在转动部件旁工作时，小心手、脚、衣服、首饰和头发不要被转动部件卷入。

6. 防止零件飞出

（1）履带张紧装置中的润滑脂是处于高压下的，如果不遵守下列注意事项，可能导致重伤、失明或死亡事故。

1）不要卸下润滑脂嘴或阀体部件。

2）由于零件可能会飞出，身体和脸必须远离阀体。

（2）行走减速机具有压力

1）由于零件可能会飞出，身体和脸部必须离开空气排放螺塞，以免受伤。

2）因齿轮油是热的，有可能造成烫伤，在释放压力前要等齿轮油冷却后，逐渐松开空气排放螺塞，释放压力。

7. 定期更换橡胶软管

（1）因老化、疲劳和磨损，含有可燃流体的橡胶软管在压力下可能会破裂。橡胶软管的老化和磨损，仅靠检查是很难判断其不良程度的，应定期更换橡胶软管。

（2）未定期更换挖掘机橡胶软管可能导致火灾、液体射入皮肤或前端工作装置砸到周围人员等事故，造成严重烫伤、坏疽或其他伤亡。

8. 注意高压液体

高压力下射出的燃油、液压油等液体能穿透皮肤或射入眼内，将导致重伤、失明或死亡。

（1）在拆卸液压或其他管路前释放压力，以避免这一危险。

（2）在加压前紧固所有的连接。

（3）用纸板查找泄漏，注意保护手和身体，避免接触高压液体。戴好面罩或护目镜，以保护眼睛。

（4）如果发生意外，立刻让熟悉此类外伤的医生治疗。任何被注进皮肤的液体，必须在几小时内进行外科去除，否则将导致坏疽。

9. 蓄能器的处理

先导控制系统装有蓄能器，其内充加的是高压氮气，因此对先导控制系统进行保养时，必须给系统泄压，如果操作错误将非常危险。

（1）不要在蓄能器上钻孔或使其与火焰、火或热源接触。

（2）不得焊接蓄能器或在上面附加东西。

（3）当拆卸或维护蓄能器时，或对蓄能器进行处理时，必须释放所充气体。

（4）处理蓄能器时，须佩戴防护镜和防护手套。高压液压油会刺伤皮肤造成伤害。

10. 安全保养空调系统

制冷剂溅到皮肤上会造成冻伤。

（1）保养空调系统时，参照氟利昂容器上的说明，正确地使用氟利昂。

（2）使用回收或循环系统，防止把氟利昂排放到大气中。

（3）绝对不要让氟利昂液体与皮肤接触。

11. 正确处理废物

不适当地处理垃圾将对环境和生态造成危害，本设备中的潜在有害废物有液压油、燃油、机油、冷却液、过滤器和蓄电池等物品。

（1）排放流体时，使用防漏容器。不要使用食品或饮料容器，因为有可能导致误饮。

（2）不要将废液倒在地上、下水道，或倒进任何水源里。

（3）空调制冷剂泄漏进空气，能破坏地球的大气层。政府法规也要求一个持证的空调服务中心来回收和再生空调制冷剂。

（4）向当地的环保或回收中心，或您的指定经销商询问回收或处理废物的正确方法。

三、保养油品的选用

1. 润滑剂种类（表 3—1—3）

表 3—1—3　　XE230/XE250 使用的润滑剂一览表

润滑剂种类	牌号 / 名称	部件	容量（L）	备注
润滑脂	2 号极压锂基润滑脂	工作装置各销轴	0.3	–20 ~ 40℃
		回转支承	2	
		回转减速机	1	
		回转装置油池	12	
		张紧装置	2	
发动机机油	CF 15W–40 机油	柴油机	25	–15 ~ 40℃
	CF 10W–30 机油	柴油机	25	–30 ~ 30℃
润滑油	GL–4 80W–90 齿轮油	回转减速机	6.2	–20 ~ 40℃
	GL–4 80W–90 齿轮油	行走减速机	7 × 2	

⚠ 注意：如果挖掘机是在特别高温或特别严寒的条件下工作，须使用特殊的润滑剂，建议与徐工挖掘机指定经销商联系。

2. 燃油、液压油、润滑油及防冻液的加注规程

（1）燃油系统

1）推荐燃油牌号（表 3—1—4）。

表 3—1—4　　燃油牌号表

时期	油品
一般	0#（4℃以上）
冬季	–10#（–5℃以上）
严寒地区	–35#（–29℃以上）

2）燃油箱容量（表 3—1—5）。

表 3—1—5 燃油箱容量表 L

机型	燃油箱容量
XE230	400
XE250	400
XE700	980
XE850	1 220

3）加注方法

①将机器停放在平地上。

②将铲斗降至地面。

③以低速空转速度空载运转发动机 5 min。

④关掉发动机，从起动开关上取下钥匙。如果关掉发动机步骤不正确，涡轮增压器可能会被损坏。

⑤把安全锁定杆拉到“LOCK”（锁住）位置。

▲注意：谨慎地处理燃油。在加燃油之前，必须关掉发动机，给燃油箱加燃油或当燃油系统处于工作状态时不可抽烟。

⑥检查燃油油位表或监控器上燃油表。如果需要，加燃油。防止一切脏物、灰尘、水或其他异物进入燃油系统。

⑦为了防止冷凝，每天在操作结束时给油箱加油。小心不要把燃油溅在机器上或地上，加油时，不要超过规定容量。

⑧加油完成后，把加油盖重新装到油箱上。务必用钥匙锁上加油盖，以防遗失或破坏。

（2）液压系统

1）推荐的液压油牌号、名称（表 3—1—6）。

表 3—1—6 液压油牌号名称表

供货商	-20 ~ 15℃	-10 ~ 40℃
徐工	徐工挖掘机专用油（32#）	徐工挖掘机专用油（46#）
壳牌石油	Tellus 32	Tellus 46
美孚石油	DTE 24	DTE 25
备注	抗磨损型液压油	

2）液压油箱容量（表 3—1—7）。

表 3—1—7 液压油箱容量表 L

机型	油箱容量
XE230/XE250	240
XE700	500
XE850	770

（3）发动机油

1）推荐的发动机油牌号、名称（表 3—1—8）。

表 3—1—8 发动机油牌号名称表

供货商	-20～30℃	-10～40℃
徐工	徐工挖掘机专用机油	
	SAE 10W-30	SAE 15W-40
壳牌石油	Rimula R3 Multi	Rimula R3 Turbo
	SAE 10W-30	SAE 15W-40
美孚石油	Mobil Delvac MX	
	SAE 10W-30	SAE 15W-40
备注	API CF 级	

2）加注容量（表 3—1—9）。

表 3—1—9 发动机油容量表 L

机型	油箱容量
XE230/XE250	25
XE700	48
XE850	48

（4）传动装置

1）推荐的齿轮油牌号、名称（表 3—1—10）。

表 3—1—10 齿轮油牌号名称表

供货商	-20～40℃	
	行走减速机	回转减速机
徐工	徐工挖掘机专用齿轮油（90#）	徐工挖掘机专用齿轮油（90#）
壳牌石油	Spirax A 80W-90	Spirax A 80W-90
美孚石油	Mobilube GX 80W-90	Mobilube GX 80W-90
备注	API GL-5 级	

2）加注容量（表 3—1—11）。

表 3—1—11　　齿轮油容量表　　L

参数 / 机型	行走减速机	回转减速机
XE230	7×2	6.2
XE250	7×2	6.2
XE700	15×2	6
XE850	15×2	6

（5）冷却系统

1）推荐冷却液（表 3—1—12）。

表 3—1—12　　防冻液牌号名称表

供货商	-20～40℃
徐工	徐工挖掘机专用防冻液
加德士	Extended Life Coolant Pre-Mixed 55/45

2）冷却液容量（表 3—1—13）。

表 3—1—13　　冷却液容量表　　L

参数 / 机型	冷却液
XE230	23
XE250	23
XE700	52
XE850	52

⚠注意：

冷却液有毒。如果摄入，将造成严重的伤亡事故。一旦误饮，应引导呕吐并立即获得紧急医疗。

存放冷却液时，确保用密封盖及有明显记号的容器存放，把冷却液始终保存在儿童接触不到的地方。

如果不小心将冷却液溅到眼睛里，可先用水冲洗 10～15 min，然后获得紧急医疗。

当存放或者丢弃冷却液时，务必遵守环保规定。

四、保养维护的方法

1. 润滑脂润滑（表3—1—14）

表3—1—14 润滑脂润滑

序号	润滑位置	润滑位置数	示意图
1	工作装置润滑	铲斗、斗杆和连杆销轴 （共9处）	
		动臂根部销轴 （共2处）	
		动臂和斗杆的连接销轴、斗杆液压缸销轴和铲斗液压缸底销轴 （共4处）	
		动臂液压缸底部 （共2处）	

续表

序号	润滑位置	润滑位置数	示意图
1	工作装置润滑	动臂液压缸销轴和斗杆液压缸底销轴（共 3 处）	
2	回转支承处润滑	回转支承润滑点（共 3 处）	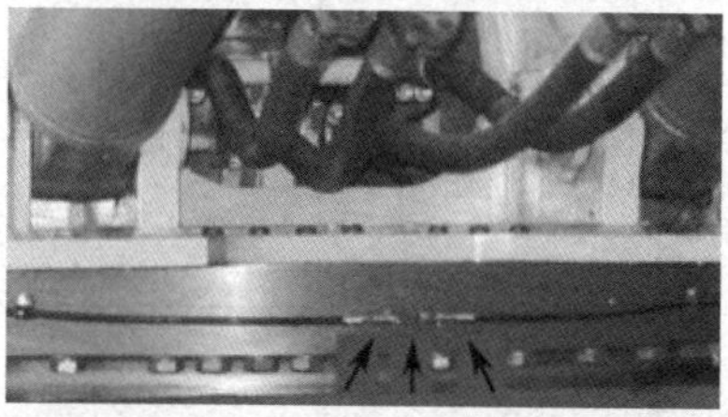
3	回转减速机润滑	回转减速机润滑（共 1 处）	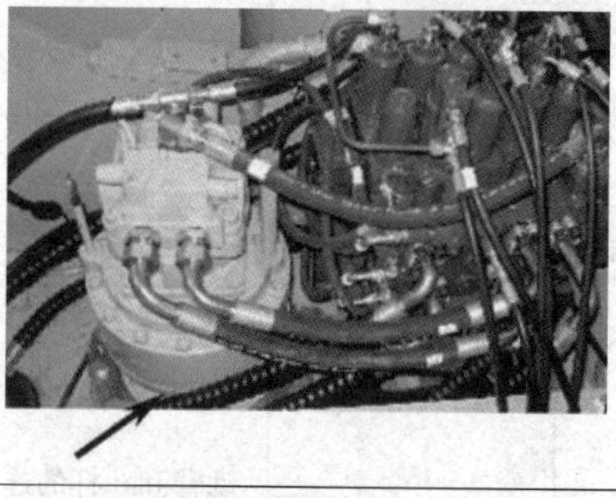
4	回转装置油池	回转装置油池润滑点（共 1 处）	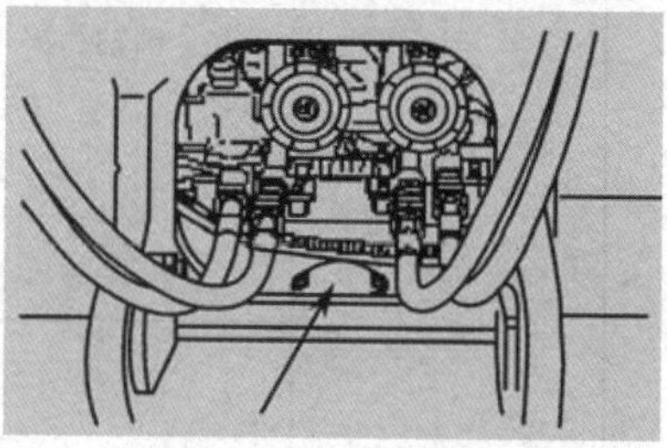

2. 发动机油

发动机上有油尺，在检查发动机油是否满足使用要求时，可以拔出发动机上的油尺（油尺位置见图 3—1—2），观察油尺上油的痕迹（图 3—1—3），如果发动机油在油尺上

的规定范围内，那么不需要加油，如果低于 L 刻度则需要添加发动机油。添加发动机油从发动机加油盖加入（加油盖见图 3—1—2）。

图 3—1—2　油尺及加油盖在发动机上的位置

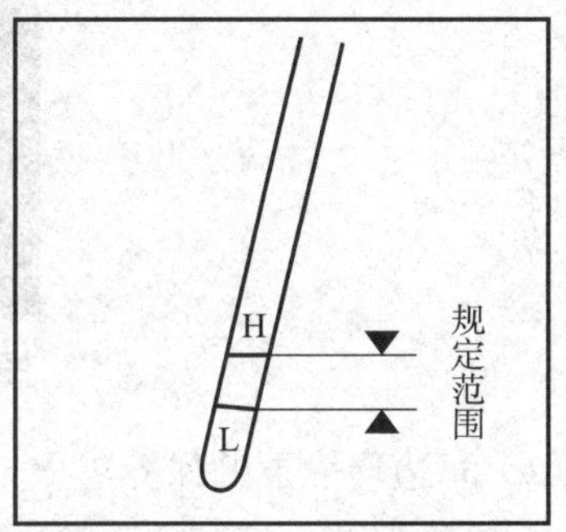

图 3—1—3　油尺的规定范围

3. 齿轮油

（1）行走减速机（图 3—1—4）

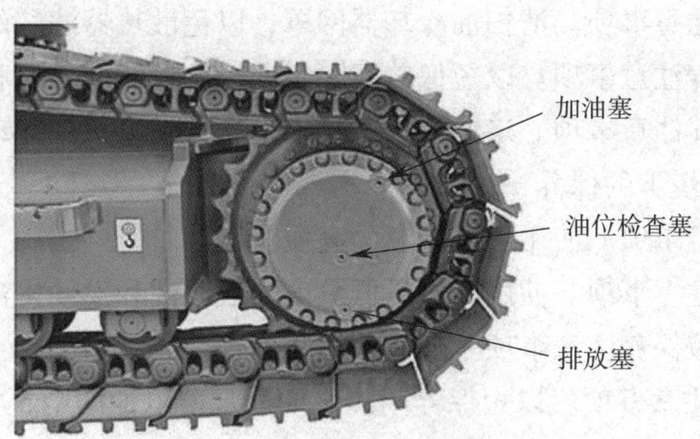

行走减速机润滑点共2处

图 3—1—4　行走减速机

（2）回转减速机（图 3—1—5）

4. 特殊环境下的保养

（1）泥浆地、多雨或多雪天气环境下的保养

1）操作前保养注意事项。检查螺塞和一切排放塞是否已拧紧。

2）操作后保养注意事项。清扫机器并检查是否有断裂、损坏、松动或者遗失的螺母和螺栓，立即润滑所有需要润滑的零部件。

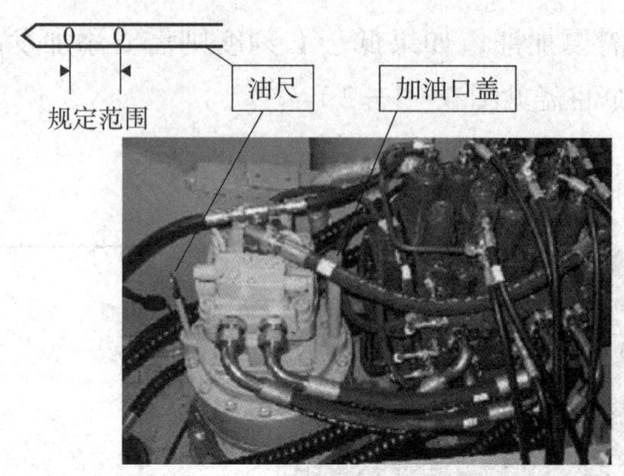

图 3—1—5 回转减速机油口

（2）海边环境下的保养

1）操作保养注意事项。检查螺塞和一切排放塞是否已拧紧。

2）操作后保养注意事项。用清水彻底清洗机器，以洗去盐分，经常保养电器设备，以避免腐蚀。

（3）多尘土空气环境下的保养

1）空气滤清器保养注意事项。以短保养间隔定期清扫滤芯。

2）散热器保养注意事项。清扫油冷却器网罩，以免散热器滤芯的堵塞。

3）燃油系统保养注意事项。以短保养间隔定期清洗过滤器滤芯和滤网。

4）电器设备保养注意事项。定期清扫，特别是交流发电机和起动电动机接线端。

（4）冰冻天气环境下的保养

1）燃油保养注意事项。使用适合低温的高质量燃油。

2）润滑剂保养注意事项。使用高质量低黏度的液压油和发动机油。

3）发动机冷却液保养注意事项。务必使用防冻剂。

4）蓄电池保养注意事项。以短保养间隔定期充足蓄电池的电，如果不充足电，电解液可能冻结。

5）履带保养注意事项。保持履带的清洁，将机器停放在坚实的地面上，以免履带冻结在地上。

（5）多石地面环境下的保养

1）履带保养注意事项。谨慎操作。经常检查是否有断裂、损坏和遗失的螺栓和螺母，较平常稍微放松一点履带。

2）工作装置保养注意事项。挖掘多石的地面时，标准配件可能会被损坏，使用前加固铲斗或使用重型铲斗。

（6）落石环境下的保养

安装驾驶室护顶，以防止机器被落石损坏。

五、技能操作

1. 黄油枪的使用

序号	图示	步骤说明	注意事项
1	后筒盖 弹簧 皮碗 注油嘴 放空螺钉 连接头 注油管 注油泵 筒体 摇柄	认清黄油枪的结构及其作用，以便正确地使用	无
2	拉 B A	从筒上卸下缸头 A 将黄油枪开口的一头（B 端）浸入黄油内 握紧黄油枪，然后向后轻拉执锁手柄	确保口的一端始终在油的下面，避免空气进入
3	C 拉杆上的槽卡上后盖就行了 D	当拉杆拉到底后，装油结束（拉杆到 C 位置） 装上缸头，将拉杆推入筒体内	加入黄油后，要使油枪注油嘴朝上，摇动手柄排除空气

续表

序号	图示	步骤说明	注意事项
4	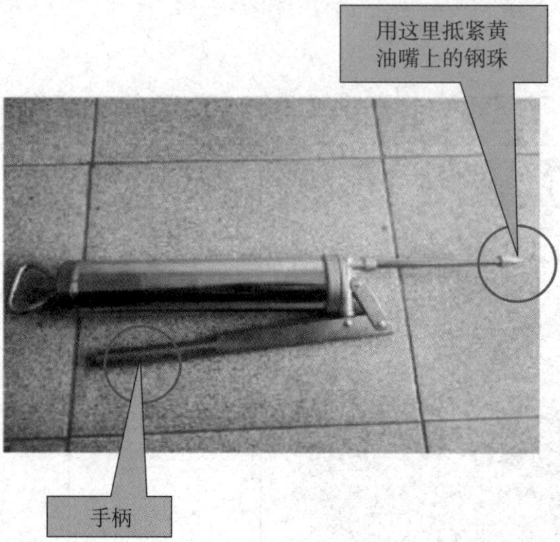 用这里抵紧黄油嘴上的钢珠 手柄	摇动手柄，直到连接枪头的连接处有油冒出，再旋入注油管和注油嘴，继续摇动手柄，直到枪头处有油冒出 然后把枪头抵紧设备黄油嘴上的钢珠，摇动手柄，压入黄油	1. 使用时，应用注油嘴压紧设备黄油嘴，平稳摇动手柄 2. 使用完毕应将黄油枪各个部件处理干净

2. 打黄油练习

序号	打黄油位置	位置说明
1		铲斗、斗杆和连杆销轴（共9处）
2		动臂根部销轴（共2处）

续表

序号	打黄油位置	位置说明
3	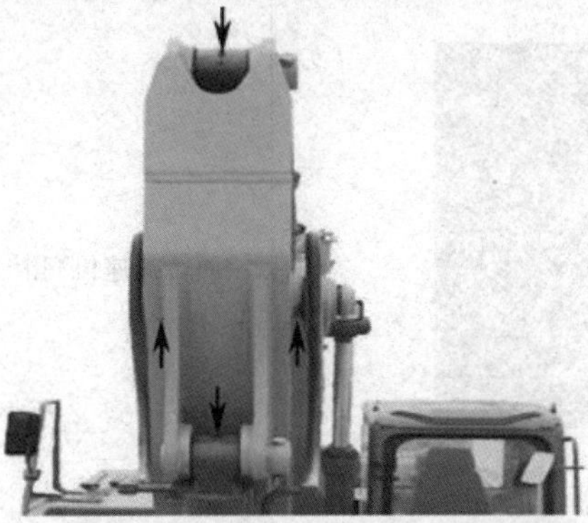	动臂和斗杆的连接销轴、斗杆液压缸销轴和铲斗液压缸底销轴（共 4 处）
4		动臂液压缸底部（共 2 处）
5		动臂液压缸销轴和斗杆液压缸底销轴（共 3 处）
6		回转支承润滑点（共 3 处）

续表

序号	打黄油位置	位置说明
7		回转减速机润滑（共 1 处）
8	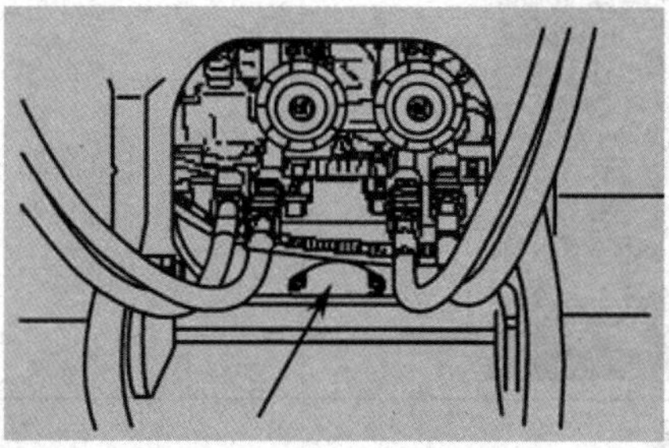	回转装置油池润滑点（共 1 处）

复习思考题

1. 简述挖掘机间隔 50 h 保养的内容。
2. 简述挖掘机保养前应做的工作。
3. 如何定期更换橡胶软管？

课题 2 挖掘机定期检查维护

学习目标

1. 明确定期检查维护项目周期。
2. 明确挖掘机的各系统及重要部件如何进行检查和维护。

一、液压系统的检查和维护

1. 液压装置检查和保养

⚠注意：在操作过程中，液压系统的部件会变得很热，在开始检查或保养前必须让机器冷却。

操作步骤如下：

（1）当保养液压装置时，确保将机器停放在平坦、坚硬的地面上。

（2）将铲斗降至地面，正确关掉发动机。

（3）机器部件、液压油、润滑油完全冷却后才可以开始保养液压装置，因为在刚完成操作后不久，液压装置中残留有余热和余压。

1）排放掉液压油箱内的空气以释放内压。

2）让机器冷却。检查和保养高温、高压液压部件时，有可能引起高温零件、液压油的突然飞出、喷出从而导致人员受伤。

3）拆卸螺塞时，不要将身体和脸对着它们，液压部件即使在冷却后仍可能具有压力。

4）绝对不要在斜坡上保养或检查行走和回转马达油路，它们会因自重而产生高压。

（4）当连接液压软管和管子时，特别注意要保持密封表面无污物并避免损坏它们。请牢记以下注意事项：

1）用清洗液洗涤软管、管子和油箱内部，并且在连接之前彻底把它们擦干。

2）使用无损坏或缺陷的 O 形圈，组装中注意不要损坏它们。

3）当连接软管时，不可使高压软管扭曲，被扭曲的软管寿命将会大大地缩短。

4）谨慎地拧紧低压软管夹子，不可过度拧紧它们。

（5）当加液压油时，总是使用同牌号的油，不可混合不同牌号的油。当希望使用“推荐的液压油牌号名称”表上所列出的油时，确保完全地更换系统内所有的液压油。

（6）不可在液压油箱无油的情况下运转发动机。

2. 检查液压油油位

★重要：不可在液压油箱无油的情况下运转发动机。

每天应检查液压油油位，操作步骤如下：

（1）将机器停放在平地上。

（2）以斗杆液压缸完全缩回和铲斗液压缸完全伸出状态定位机器，如图 3—2—1 所示。

（3）按照发动机停机步骤关闭发动机。

★重要：如果关闭发动机的步骤不正确，涡轮增压器可能会被损坏。

（4）把安全锁定杆拉到“LOCK”（锁住）位置。

（5）打开液压泵处的检修门，查看液压油箱上的液位计，如图 3—2—2 所示，油位须在液位计上、下标记之间。否则，应添加液压油。

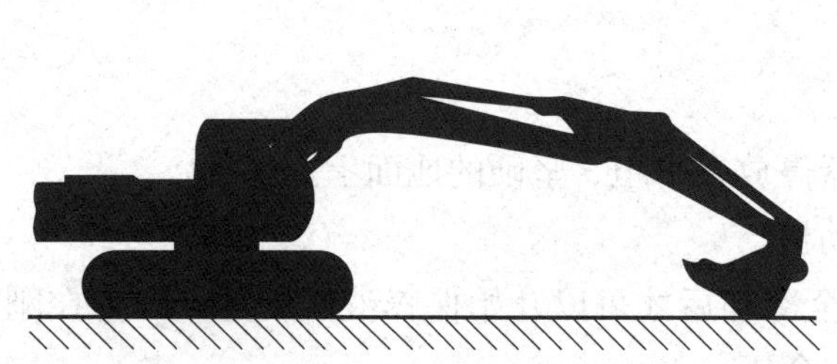

图 3—2—1　挖掘机停放位置

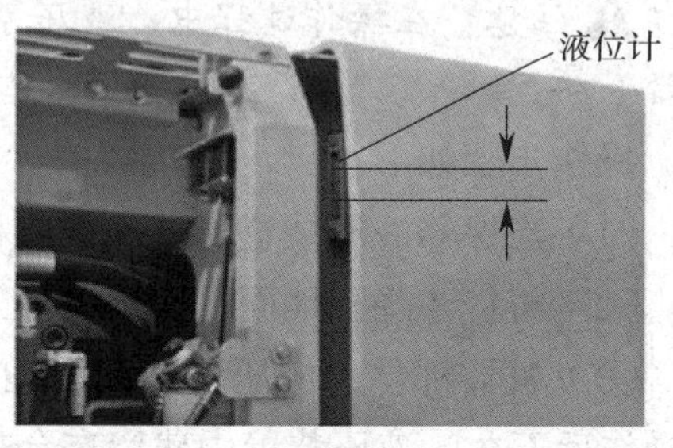

图 3—2—2　挖掘机液压油箱液位计

⚠ 注意：液压油箱具有压力。拆下油箱盖前，应先释放掉油箱中的压力，并小心地取下盖子。

（6）加入液压油，重新检查液位计。

（7）装上盖子，确保过滤器和悬杆组件定位正确。

3. 排放液压油箱污物储槽

★重要：不可在液压油箱无油情况下运转发动机。

每隔 250 h 应排放一次液压油箱污物储槽，操作步骤如下：

（1）为容易接近，将上车旋转 90°，把机器停放在平地上。

（2）按照发动机停机步骤关闭发动机。

★重要：如果关闭发动机的步骤不正确，涡轮增压器可能会被损坏。

（3）把安全锁定杆拉到“LOCK”（锁住）位置。

⚠ 注意：液压油箱具有压力。应先释放压力，在油冷却之前，不可松开排放塞，液压油可能是热的，会造成严重烫伤。

（4）在油冷却之后，松开液压油箱底部排放塞，排出水和沉积物。不可完全拆下塞子，只松开到恰好足够排出水和沉积物为止。

（5）排出水和沉积物之后，重新拧紧排放塞。

4. 更换液压油、清洗吸油过滤器

⚠ 注意：液压油可能是热的，在开始工作前须等油冷却。

每隔 2 000 h 应更换液压油、清洗吸油过滤器，操作步骤如下：

（1）为容易接近，将上车旋转 90°，把机器停放在平地上。

（2）以斗杆液压缸完全缩回和铲斗液压缸完全伸出状态定位机器。

（3）按照发动机停机步骤关闭发动机。

★重要：如果关闭发动机的步骤不正确，涡轮增压器可能会被损坏。

（4）把安全锁定杆拉到“LOCK”（锁住）位置。

（5）清洗液压油箱顶部，避免污物侵入液压系统。

⚠ 注意：液压油箱具有压力。应先释放掉压力，然后小心地取下油箱盖。

（6）拆下油箱盖。

（7）用泵吸去液压油。XE230、XE250 液压油箱中液压油容量是 240L。

（8）拆下排放塞，让液压油排出。

（9）取出吸油过滤器和悬杆组件。

（10）清洗过滤器和油箱内部，如果更换过滤器，将新过滤器装在悬杆上。

（11）清扫，装上并拧紧排放塞。把液压油加注到其油位，达到液位计的标记之间。装上油箱盖，确保过滤器和悬杆组件在正确的位置上。

★重要：如果在液压泵无油时起动发动机，会损坏液压泵。

（12）从液压泵顶部拆下排气塞。

（13）通过排气塞的孔给液压泵加满液压油。

（14）装上排气塞。

（15）起动发动机并以低速空转运转。在安全锁定杆上挂上“禁止操作”的标牌，确保安全锁定杆位于“LOCK”（锁住）位置。

（16）缓慢地松开排气塞以释放积聚的空气，当空气流动停止并且油从塞孔流出时，拧紧塞子。

（17）以低速空转运转发动机，并且缓慢、平稳地操纵操纵杆 15 min，以排出液压系统中的空气。

（18）以斗杆液压缸完全缩回和铲斗液压缸完全伸出的状态定位机器。

（19）按照发动机停机步骤关闭发动机。

（20）把安全锁定杆拉到“LOCK”（锁住）位置。

（21）检查液压油箱液位计。如果需要，再打开油箱盖进行加油。

二、燃油系统的检查维护

1. 排放燃油箱污物储槽

每天应排放燃油箱污物储槽，操作步骤如下：

（1）为了容易接近，将上车旋转 90°，把机器停放在平地上。

（2）按照发动机停机步骤关闭发动机。

★重要：如果关闭发动机的步骤不正确，涡轮增压器可能会被损坏。

（3）把安全锁定杆拉到“LOCK”（锁住）位置。

（4）打开燃油箱底部的排放球阀几秒钟，排去水和沉淀物，关闭球阀。

2. 检查燃油过滤 / 水分离器

每天开始作业前应检查燃油过滤 / 水分离器。燃油过滤 / 水分离器能分离可能混入燃油中的水。燃油中过多的水分会导致发动机动力不足、排放增加等故障。

★重要：如果燃油中含有过量的水，可缩短燃油过滤 / 水分离器的检查间隔时间。

操作步骤如下：

（1）燃油过滤 / 水分离器位于液压泵附近燃油预滤器上，如图 3—2—3 所示，打开右侧机棚门，并用固定杆固定住。

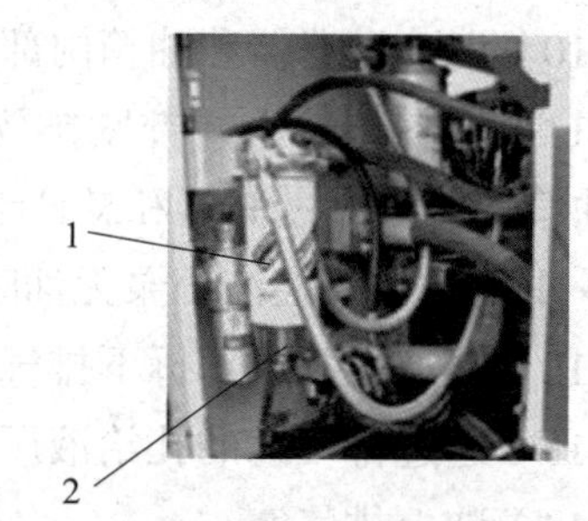

图 3—2—3 燃油过滤 / 水分离器检查位置

1—燃油过滤 / 水分离器 2—排放塞

（2）关掉燃油箱底部的燃油球阀，停止燃油供给。

（3）旋转燃油过滤 / 水分离器底部的排放塞，排尽积水。

（4）排水后，务必拧紧排放塞，旋转燃油球阀回到原位置。

（5）起动发动机，检查排放塞有无漏油。

⚠ 注：排水后确保从燃油系统中排出空气。

3. 排出燃油系统空气

★重要：燃油系统里的空气会造成发动机起动困难或异常运转。在排放燃油过滤 / 水分离器中的水和沉积物，进行了燃油过滤器的更换、输油泵过滤器的清洗或让燃油箱干燥之后，还必须确保排出燃油系统中的空气。排出燃油系统空气位置如图 3—2—4 所示。

图 3—2—4 排出燃油系统空气位置

1—燃油过滤 / 水分离器 2—手动泵

3—燃油过滤器

操作步骤如下：

（1）确认已经拧紧燃油过滤 / 水分离器的排放塞。

（2）确认燃油箱底部的燃油球阀已打开。

（3）松开燃油滤油器或发动机进油管螺栓。

（4）上下移动燃油过滤 / 水分离器手动泵，直到看不见气泡出来为止。

（5）拧紧螺栓，并继续上下移动手动泵，直到负荷变重为止。

（6）起动发动机并以低速空转运转。

（7）在操纵杆上挂上“禁止操作”的标牌。

（8）把安全锁定杆拉到“LOCK”（锁住）位置。

（9）检查燃油系统有无渗漏。

4. 更换燃油过滤 / 水分离器及燃油过滤器

每隔 250 h 应更换燃油过滤 / 水分离器及燃油过滤器，筒式过滤器的位置如图 3—2—5 所示。

图 3—2—5　筒式过滤器的位置

为了安全和保护环境，当排出燃油时总是使用适当的容器。不可将燃油倒在地上、水沟、河流、池塘或湖泊，应适当地处理废燃油。

操作步骤如下：

（1）利用过滤器扳手拆下过滤器。

（2）在新过滤器的垫片上薄涂一层清洁的燃油。

（3）用手拧紧过滤器直到垫片和密封面接触为止。

（4）使用过滤器扳手，多旋转约 2/3 圈拧紧过滤器，但不可过度拧紧。

（5）更换过滤器后从燃油系统中排出空气。

三、空气滤清器系统的检查维护

1. 清扫空气滤清器外部滤芯

每隔 250 h 或者当空气滤清器滤芯报警指示灯亮起时，应清扫空气滤清器外部滤芯，如图 3—2—6 所示。

2. 更换空气滤清器外部和内部滤芯

每清扫 6 次或经过一年后，应更换空气滤清器外部和内部滤芯，如图 3—2—7 所示。

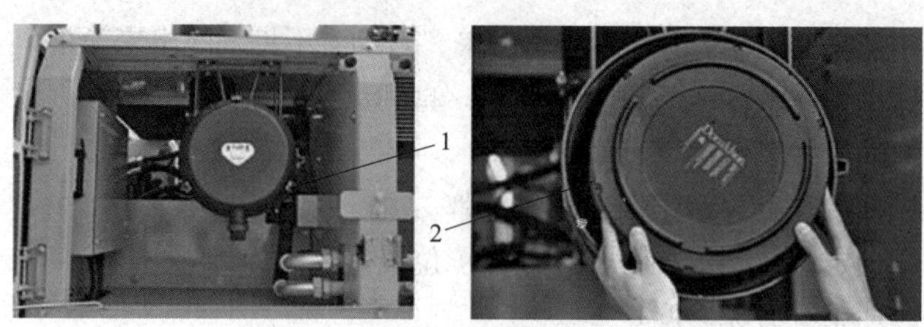

图 3—2—6 空气滤清器（筒式）的位置

1—固定夹 2—外部滤芯

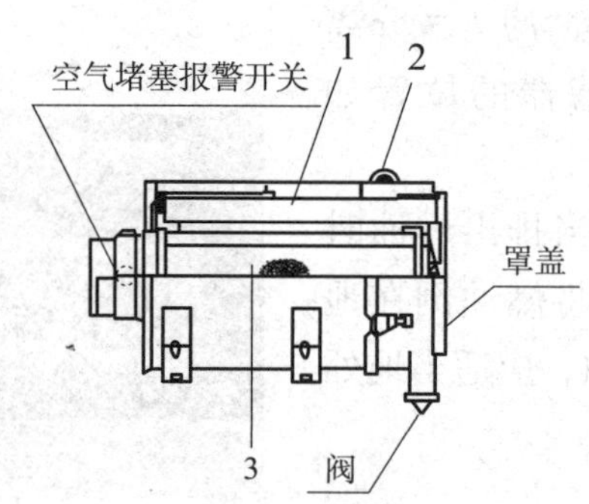

图 3—2—7 更换空气滤清器外部和内部滤芯

1—外部滤芯 2—固定夹 3—内部滤芯

操作步骤如下：

（1）将机器停放在平地上。

（2）按照发动机停机步骤关闭发动机。

★重要：如果关掉发动机的步骤不正确，涡轮增压器可能会被损坏。

（3）把安全锁定杆拉到“LOCK”（锁住）位置。

（4）松开固定夹取下端盖。

（5）拆下外部滤芯。

（6）用手轻轻地拍打外部滤芯，切不可在硬物上敲打。

（7）如用压缩空气清扫外部滤芯时，从外部滤芯的里面向外吹气。

⚠注意：使用低压力空气（小于 0.2 MPa）清扫，叫开周围人员，谨防飞扬的碎片，并穿戴好个人保护器具，包括护目镜或者安全眼镜。

（8）装上外部滤芯。

（9）装上端盖，拧紧固定夹。

（10）起动发动机并以低速空转运转。

（11）检查监控器上的空气滤清器滤芯报警指示灯。如果空气滤清器滤芯报警指示灯点亮，立即关掉发动机并更换外部滤芯。

（12）更换空气滤清器滤芯时，外部滤芯和内部滤芯应一起更换。取下外部滤芯；取下内部滤芯之前，先清扫空气滤清器的内部；取下内部滤芯；先安装内部滤芯，然后安装外部滤芯。

四、冷却系统的检查维护

1. 检查冷却液液位

⚠注意：除非系统已冷却，否则不可松开冷却水箱加水盖，拆下盖子之前释放全部压力，然后缓慢地拧下。

应每天检查冷却液液位，如图 3—2—8 和图 3—2—9 所示。

冷却液液位必须与冷却水箱上的观察口平齐，水箱位于散热器上方。如果冷却液液位低，应给水箱添加冷却液。如果水箱是空的，应先给散热器加冷却液后再给水箱加冷却液，如图 3—2—10 所示。

图 3—2—8　散热器加水盖

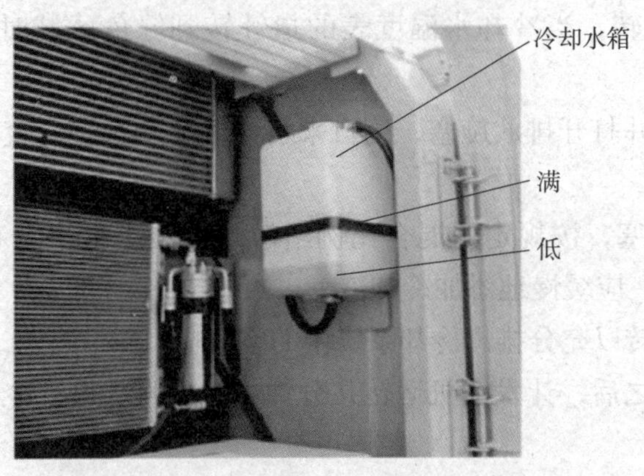

图 3—2—9　冷却水箱

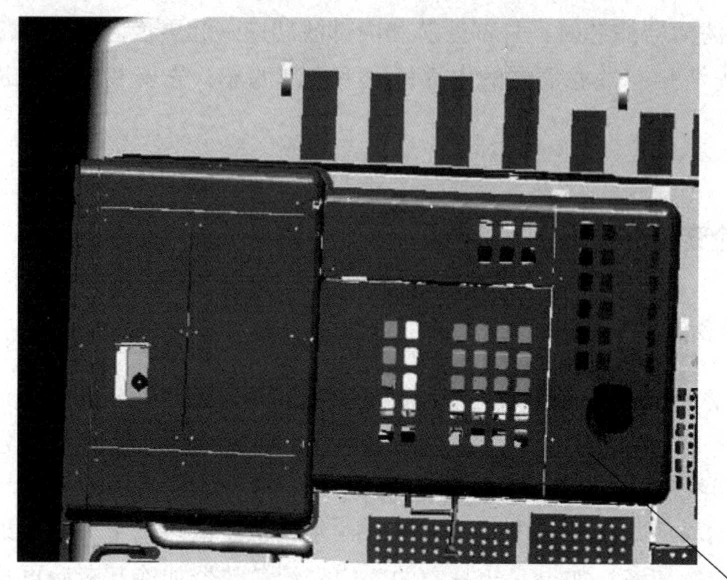

图 3—2—10　冷却水箱加水盖

2. 清洗散热器内部

⚠注意：发动机未冷却之前，不可松开散热器的盖子，拆下盖子之前要先释放全部压力，然后缓慢地拧下。

操作步骤如下：

（1）当更换冷却液时，清洗散热器内部。

（2）拆下散热器盖子，打开散热器（图 3—2—11）和发动机机体的排放旋塞，排尽冷却液。

（3）关上排放旋塞，给散热器装进自来水和散热器清洁剂，起动发动机并以略高于低速空转的速度运转，当冷却水温度表的指针转到绿色区域时，继续运转发动机十几分钟。

（4）关闭发动机并打开排放旋塞，用自来水冲洗冷却系统，直到排出的水干净为止，以除去锈蚀和沉淀物。

（5）关上排放旋塞，按规定的混合比例给散热器装进自来水和防锈剂或者防冻剂。为避免气泡混入系统，应缓慢地添加冷却液。

（6）让发动机运转以充分排出冷却系统中的空气。

（7）加完冷却液之后，让发动机运转几分钟。然后再次检查冷却液液位，根据需要，可再次加入冷却液。

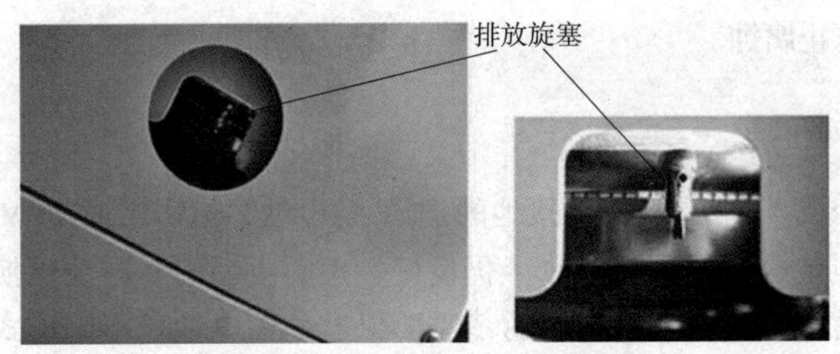

图 3—2—11　散热器排放旋塞

五、电气控制系统的检查维护

★重要：不适当的无线电通信装置和附件、不合适的无线电通信装置的安装将影响机器的电子部件，引起机器的意外运动。不适当的电气装置安装也有可能引起机器发生故障、失火。安装无线电通信装置或附加电器部件，或者更换电器部件时，务必询问指定经销商。绝对不要试图分解或改造电器、电子部件。如果需要更换或改造这些部件，请与指定经销商联系。

1. 蓄电池检查（图 3—2—12）

⚠ 注意：蓄电池产生的易燃气体能引起爆炸，应防止火星和火焰接近蓄电池。

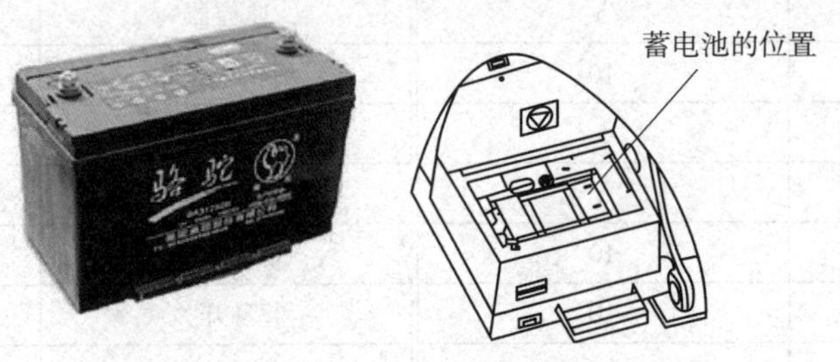

图 3—2—12　蓄电池的放置位置

至少每月检查一次蓄电池电量，操作步骤如下：

（1）把机器停放在平地上。

（2）按照发动机停机步骤关闭发动机。

（3）检查蓄电池电量，如图 3—2—13 所示。从蓄电池上部查看密度计，从圆形的观察口观看。绿色圆表示电池正常；黑色圆表示电池电量低，需要充电；白色圆表示电池报废，需要更换。

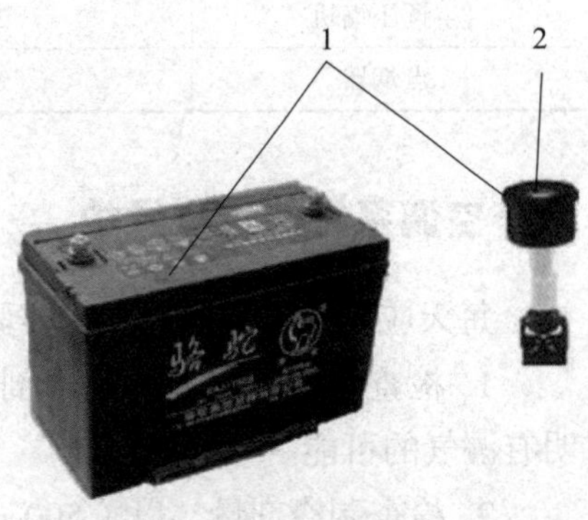

图 3—2—13　检查蓄电池电量
1—密度计　2—观察口

（4）始终保持蓄电池接线端的清洁，以免蓄电池放电，检查接线端是否松动、锈蚀，给接线端涂上润滑脂或矿脂，以防止腐蚀。

2. 更换蓄电池

机器上有 2 个或 4 个负极（-）接地的 12 V 蓄电池，但需组成 24 V 系统。如果 24 V 系统中的一个蓄电池失去作用而另一个仍良好，用同类型的蓄电池更换失去作用的蓄电池。例如，用新蓄电池更换失去作用的不需要保养的蓄电池。不同形式的蓄电池充电速度可能不同，这一差别可能会使蓄电池中的某一个因过载而失去作用。

3. 更换熔丝

如果电气设备不工作，应先检查熔丝。熔丝盒（表 3—2—1）位于座椅的后面，往上揭开熔丝盒盖，备用熔丝位于盖子的下面。

★重要：谨防因过载而损坏电气设备，务必安装具有正确安培数的熔丝。

表 3—2—1　　24 路熔丝盒排布表（XE230、XE250）　　A

保险名称	额定电流	保险名称	额定电流
喇叭	10	大灯 / 臂灯开关	10
收音机	10	刮水器 / 洗涤器	10
控制器	5	励磁 / 预热保护	10
安全手柄	5	监控器	10
空调控制器	10	行走 / 增力	10
回转制动	5	行走增力线圈	10
加油泵控制	5	备用熔丝	10
备用熔丝	10	备用熔丝	20
熄火马达	10	起动开关	20
室内灯	5	工作灯 / 臂灯	20
空调压缩机	20	控制器	5
点烟器	20	加油泵	30

六、空调系统的检查维护

每天应检查空调机，操作步骤如下：

1. 检查管道连接处的制冷剂气体有无泄漏。如果发现管道连接处附近有渗油，就说明有漏气的可能。

2. 检查制冷剂量，以 1 500 r/min 运转发动机 1 ~ 3 min 后，通过储液罐上的视镜来检查制冷剂的量。

3. 检查冷凝器，如果冷凝器的叶片被脏物或小虫堵塞，冷却效果就会降低。因此，应始终保持它们的清洁。

4. 检查压缩机，操作空调机 5 ~ 10 min 后，用手摸一下高压侧和低压侧的管道。如果工作正常，高压侧的管子应是热的，而低压侧的管子应是冷的。

5. 检查安装螺栓有无松动，确认压缩机安装螺栓和其他安装或拧紧螺栓应紧固良好。

七、紧固件的检查

每隔 250 h 应检查螺栓和螺母的紧固扭矩。

机器最初的 50 h 磨合期之后应检查螺栓和螺母的紧固度，然后每隔 250 h 检查一次。如果有松动，应紧固至螺栓紧固表（表 3—2—2）所示的扭矩，需更换时，应用同等级或高等级的螺栓和螺母进行更换。关于紧固下表以外的螺栓和螺母，参阅“紧固扭矩表”（表 3—2—3）。

★重要：使用扭矩扳手来检查或紧固螺栓和螺母。

表 3—2—2　　螺栓紧固表（XE230、XE250）

序号	项目		螺栓直径（mm）	数量	套筒尺寸（mm）	扭矩（N·m）
1	发动机隔振橡胶垫固定螺栓（泵侧）		18	2	27	410
	发动机隔振橡胶垫固定螺母（风扇侧）		12	4	18	120
2	发动机支座固定螺栓和螺母		10	14	16	70
3	液压油箱固定螺栓		18	4	27	300
4	燃油箱固定螺栓		16	4	24	210
5	液压泵固定螺栓		20	4	30	600
6	多路阀固定螺栓		12	3	18	120
7	多路阀阀架固定螺栓		16	4	24	210
8	回转装置固定螺栓		20	13	30	600
9	蓄电池固定螺母		10	2	16	50
10	驾驶室固定螺母		16	4	24	210
11	回转支承固定螺栓（上车）	XE230/XE250	22	36	34	800
	回转支承固定螺栓（下车）					
12	行走装置固定螺栓		16	60	24	300
13	驱动轮固定螺栓		16	44	24	300
14	托链轮固定螺栓		16	16	24	300
15	支重轮固定螺栓	XE230/XE250	18	72	27	410

续表

序号	项目		螺栓直径（mm）	数量	套筒尺寸（mm）	扭矩（N·m）
16	履带板固定螺栓	XE230/XE250	18	376	27	410
			18	408	27	400
17	夹轨器固定螺栓		16	8	24	210
18	工作装置销轴支撑螺栓和螺母		16	–	24	280
19	配重安装螺栓	XE230/XE250	36	4	55	3 000
20	低压管的接管和 T 型螺栓卡箍		8	–	13	22
			5	–	8	9
			6	–	10	9

表 3—2—3　　紧固扭矩表

螺栓规格	套筒扳手尺寸（mm）	内六角扳手尺寸（mm）	扭矩（N·m）	
			10.9 级	8.8 级
M8	13	6	30	20
M10	16	8	70	50
M12	18	10	120	90
M14	21	12	195	140
M16	24	14	300	210
M18	27	–	410	300
M20	30	17	600	400
M22	34	–	800	550
M24	36	19	1 000	700
M27	41	–	1 500	1 050
M30	46	22	1 850	1 450
M36	55	27	3 000	2 450
M42	65	–	3 800	3 200

注：要求的紧固扭矩是以 N·m 来表示的。

例如，当用 1 m 长的扳手紧固螺栓或者螺母时，以 120 N 的力量旋转扳手尾端，将产生的扭矩为：

1 m × 120 N=120 N·m

以 0.25 m 扳手要产生同样的扭矩，则：

0.25 m × ☐ N=120 N·m

所需的力量为：

120/0.25=480 N

八、技能操作

1. 液压系统的检查与保养

序号	检查项目	图示	安全注意事项
1	检查液压油油位		液压油箱具有压力。拆下油箱盖前，应先释放掉油箱中的压力，并小心地取下盖子
2	排放液压油箱污物		液压油箱具有压力。在排放液压油箱污物前，应先释放压力，在油冷却之前，不可松开排放塞，液压油可能是热的，会造成严重烫伤

2. 燃油系统的检查与保养

序号	检查项目	图示	安全注意事项
1	排放燃油箱污物储槽		如果关闭发动机的步骤不正确，涡轮增压器可能会被损坏

续表

序号	检查项目	图示	安全注意事项
2	检查燃油过滤 / 水分离器	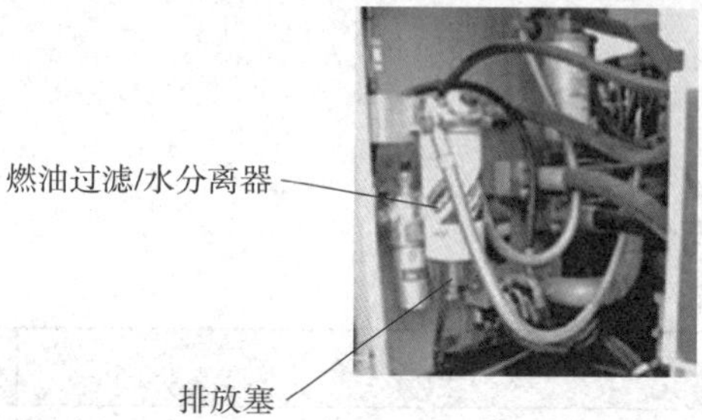 燃油过滤/水分离器 排放塞	1. 如果燃油中含有过量的水，缩短燃油过滤 / 水分离器的检查间隔时间 2. 在排水之后确保从燃油系统中排出空气

3. 空气滤清器系统的检查与保养

检查项目	图示	安全注意事项
清扫空气滤清器外部滤芯	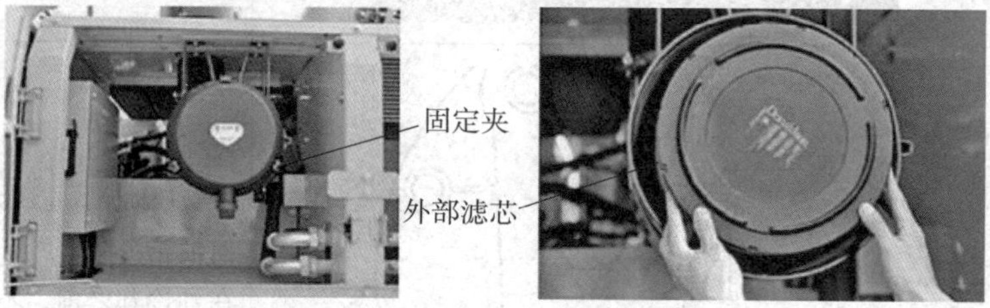 固定夹 外部滤芯	每隔 250 h 或者当空气滤清器滤芯报警指示灯亮起时，应清扫空气滤清器外部滤芯

4. 冷却系统的检查与保养

检查项目	图示	安全注意事项
检查冷却液液位	 散热器加水盖	1. 除非系统已冷却，否则不可松开冷却水箱加水盖，拆下盖子之前释放全部压力，然后缓慢地拧下

续表

检查项目	图示	安全注意事项
检查冷却液液位	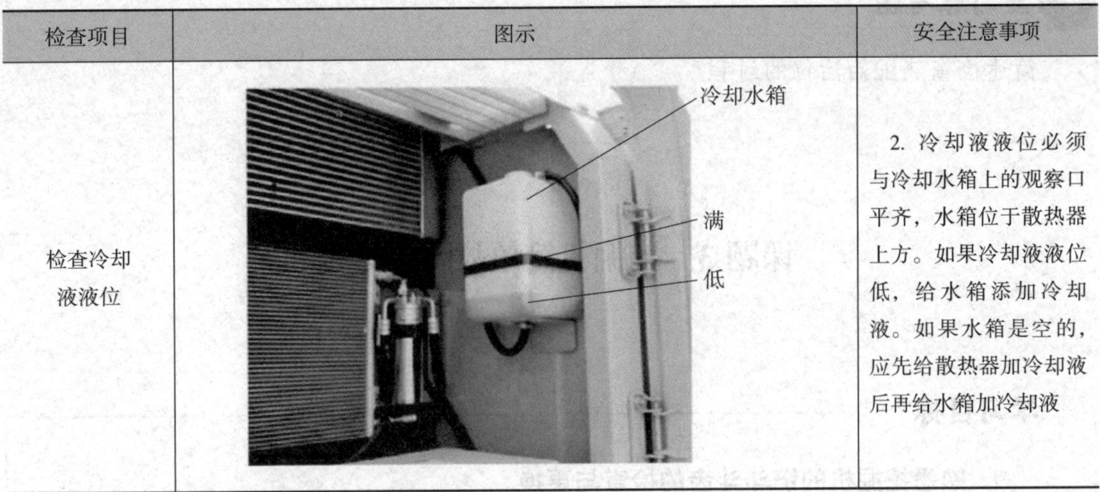	2. 冷却液液位必须与冷却水箱上的观察口平齐，水箱位于散热器上方。如果冷却液液位低，给水箱添加冷却液。如果水箱是空的，应先给散热器加冷却液后再给水箱加冷却液

5. 电气控制系统的检查与保养

序号	检查项目	图示	安全注意事项
1	蓄电池检查	密度计　观察口	始终保持蓄电池接线端的清洁，以免蓄电池放电，检查接线端是否松动、锈蚀，给接线端涂上润滑脂或矿脂，以防止腐蚀
2	更换蓄电池	蓄电池的位置	机器上有两个或 4 个负极（–）接地的 12V 蓄电池，但需组成 24V 系统。如果 24V 系统中的一个蓄电池失去作用而另一个仍良好，用同类型的蓄电池更换失去作用的蓄电池
3	更换熔丝	略	1. 如果电气设备不工作，应先检查熔丝 2. 谨防因过载而损坏电气设备，务必安装具有正确安培数的熔丝

复习思考题

简述检查液压油油位的过程。

课题 3　挖掘机简单故障的处理

学习目标

1. 熟悉挖掘机的铲斗斗齿的检查与更换。
2. 明确挖掘机的履带下垂量的检查与调整。
3. 明确挖掘机的发动机传送带松紧检查与更换。

一、铲斗斗齿的检查与更换

1. 铲斗斗齿的检查

如果铲斗斗齿的磨损度超过如图 3—3—1 所示的设计使用限度 *A*，应更换斗齿，使用限度对照见表 3—3—1。

表 3—3—1　　铲斗斗齿使用限度对照

新	使用限度
205	110

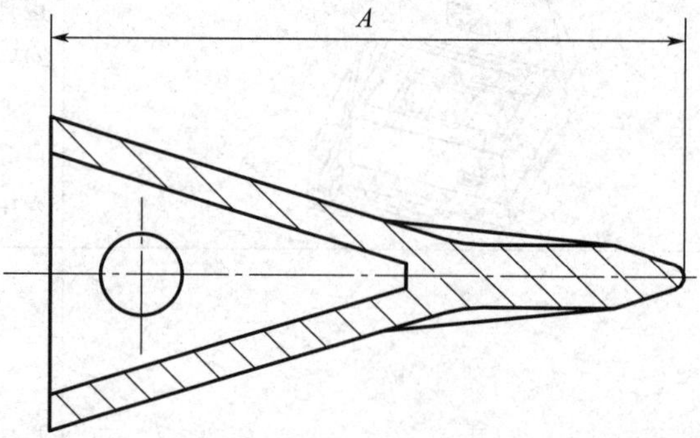

图 3—3—1　铲斗斗齿的使用限度

2. 铲斗斗齿的更换

（1）铲斗斗齿更换步骤

1）使用锤子和冲头来取出锁销，如图 3—3—2 所示。

2）卸去齿套，检查锁销是否损坏，如要需要，进行更换，必须用新品更换磨短的斗齿和已损坏的锁销。

（2）安全注意事项

防止因金属片的飞出而导致的受伤，须佩戴护目镜或安全眼镜及适合作业的安全器具。

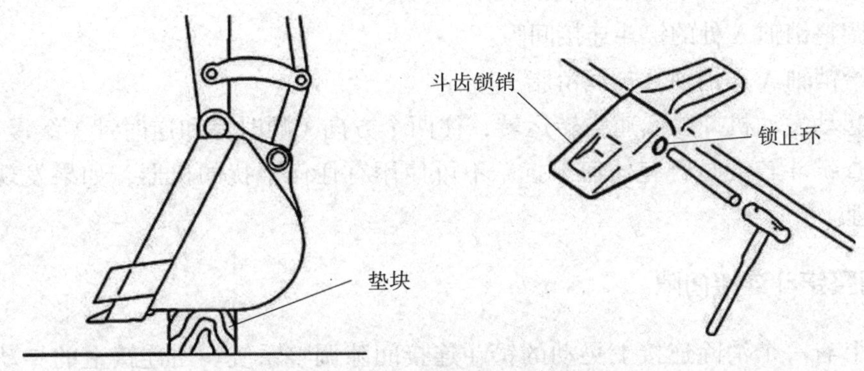

图 3—3—2　铲斗斗齿的更换

二、铲斗的更换与调整

1. 更换铲斗

⚠注意：打出或敲入连接销时谨防被飞出的金属屑或者碎片击伤，戴好护目镜或安全眼镜及适合作业的安全器具。

操作步骤如下：

（1）将机器停放在平地上。将铲斗降至地面，并把它的平面部分定位在地上，确保拆下销轴后铲斗不会滚动。

（2）如图 3—3—3 所示，往外滑出 O 形密封圈。

（3）拆下铲斗销轴 A 和销轴 B，分开斗杆和铲斗。清扫销轴和销孔，给销轴和销孔涂上足够的润滑油。

（4）把斗杆和新铲斗调准，确保铲斗不会滚动。

（5）装上铲斗销轴 A 和销轴 B，如图 3—3—4 所示。

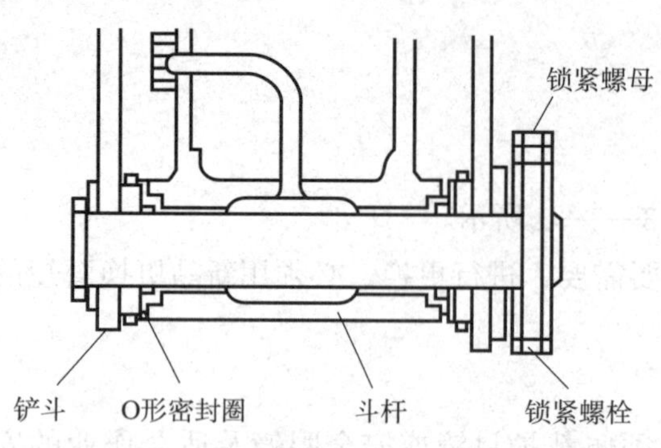

图 3—3—3　斗杆销轴安装时 O 形密封圈的位置

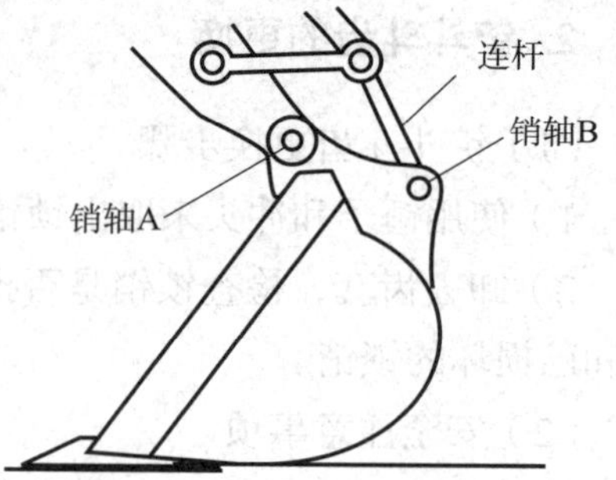

连杆
销轴B
销轴A

图 3—3—4　铲斗销的位置

（6）给销轴 A 和销轴 B 装上锁销和扣环。

（7）调整销轴 A 处的铲斗连接间隙。

（8）给销轴 A 和销轴 B 加润滑脂。

（9）起动发动机并以低速空转运转，往两个方向（顺时针和逆时针）缓慢地转动铲斗，以检查铲斗转动是否有任何干扰。不可使用有任何干扰的机器，如果发现有干扰，应及时处理。

2. 调整铲斗连接间隙

机器上有一个消除连接上晃动的铲斗连接间隙调整系统。当连接上的晃动增加时，应拆去或装上调整片。

操作步骤如下：

（1）将机器停放在平地上，使平面侧朝下将铲斗降至地面以避免铲斗滚动。

（2）以低速空转运转发动机，将地上的铲斗按逆时针方向逐渐地旋转直到铲斗左侧凸起部分的顶部碰到斗杆为止。

（3）关掉发动机，把安全锁定杆拉到“LOCK”（锁住）位置。

⚠ 注：拆除调整片时不需要取下螺栓，调整垫片是半圆形的，螺栓松开后用螺钉旋具能容易地把它们推出。

（4）用扳手稍微松开螺栓，推出压板和铲斗之间的全部调整垫片。

（5）把螺栓推向斗杆一侧，消除斗杆和凸盘之间的全部间隙。将凸盘推在斗杆上以增加间隙，用塞尺测量间隙，此距离不应被调到 0.5 mm 以下。

（6）在间隙内尽可能多地装入调整垫片。

（7）在间隙内装上剩下的调整片，并拧紧螺栓。

⚠ 注：使用的调整片总数是 12 个（6 对）。

（8）如果测量值（凸盘磨损面厚度尺寸）在 5 mm 以下时，应更换凸盘。

三、履带下垂量的检查与调整

1. 履带下垂量的检查

如图 3—3—5 所示，把上车回转 90°，然后降下铲斗把履带提离地面。保持动臂和斗杆之间的夹角为 90°~110°，并将铲斗圆弧部放于地面。在机器架下放置垫块，以支撑机器。

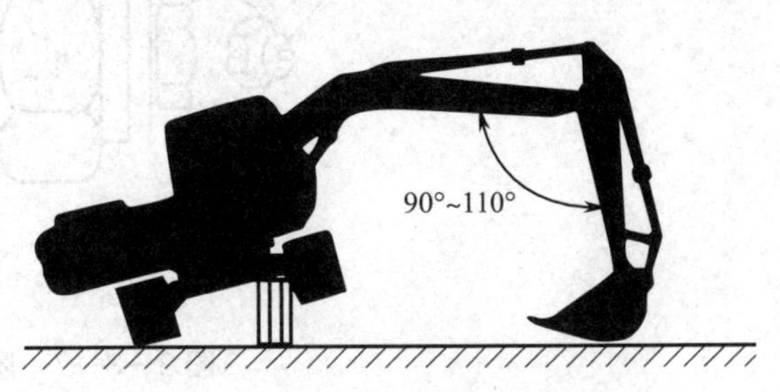

图 3—3—5　挖掘机停放状态

回转履带倒退两整圈，然后回转履带前进两整圈。在履带架中部测量从履带架到履带板底面间的距离，如图 3—3—6 所示。履带下垂量规定值为 300 ~ 500 mm。

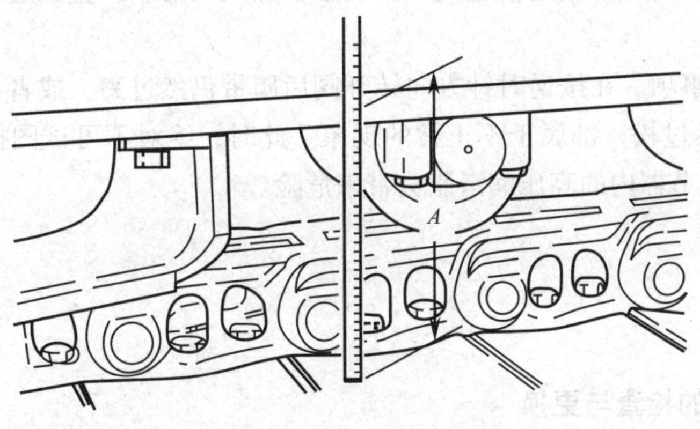

图 3—3—6　履带下垂量测量

2. 履带下垂量的调整

（1）调松履带

1）操作步骤

①用 24 in 长套筒扳手按逆时针方向缓慢地旋转阀，润滑脂将从润滑脂出口排出，如图 3—3—7 所示。

②转开阀 1 ~ 1.5 圈便足以放松履带。

③如果润滑脂不能顺利地排出，可把履带提离地面，并缓慢地回转履带。

④在获得适当的履带下垂量后，按顺时针方向把阀拧紧到 147 N · m（15 kgf · m）。

2）安全注意事项。不要快速地或过多地松开阀，否则，履带张紧液压缸中的润滑脂会喷出。应谨慎地把阀松开，且不能将身体和脸部对着阀。绝对不可松开润滑脂嘴。

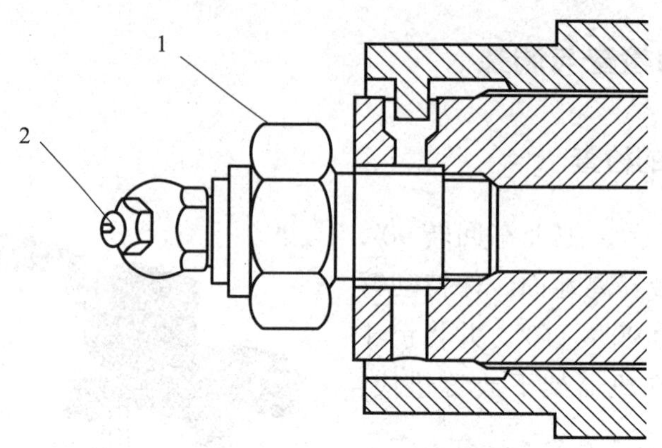

图 3—3—7 履带调整示意图

1—阀 2—润滑脂嘴

（2）调紧履带

1）操作步骤。将润滑脂枪接在润滑脂嘴上，加入润滑脂，直到履带下垂量达到规定为止。

2）安全注意事项。在按逆时针方向转开阀后履带仍然过紧，或者在往润滑脂嘴加入润滑脂后履带仍然过松，都属于不正常的现象。此时，绝对不可试图拆卸履带或履带调节器，因为履带调节器内的高压润滑脂会带来危险。

四、技能操作

1. 铲斗斗齿的检查与更换

序号	项目	图示	操作要求
1	检查铲斗斗齿的磨损度	A	检查铲斗斗齿的磨损度是否超过设计使用限度 A，与使用限度对照

续表

序号	项目	图示	操作要求
2	更换铲斗斗齿		使用锤子和冲头取出锁销，卸去齿套，检查锁销是否损坏，如要需要，进行更换，更换磨短的斗齿和已损坏的锁销

2. 铲斗的更换与调整

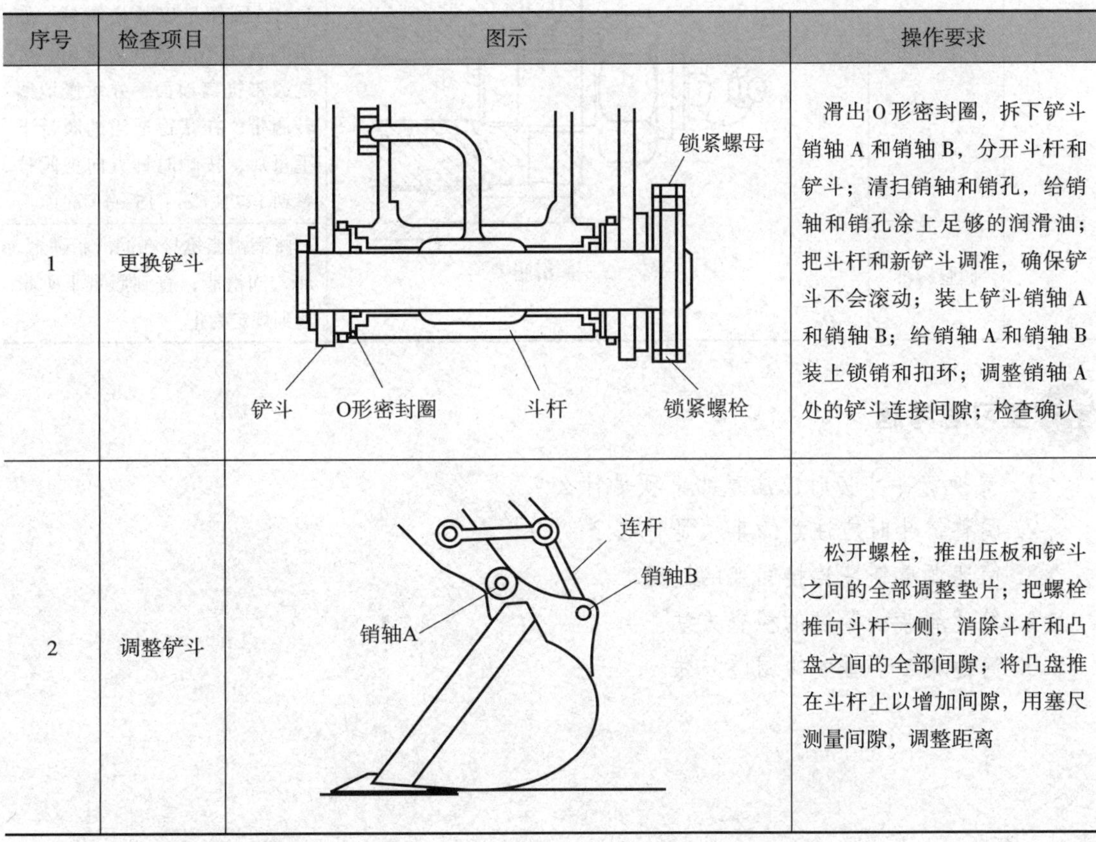

序号	检查项目	图示	操作要求
1	更换铲斗		滑出 O 形密封圈，拆下铲斗销轴 A 和销轴 B，分开斗杆和铲斗；清扫销轴和销孔，给销轴和销孔涂上足够的润滑油；把斗杆和新铲斗调准，确保铲斗不会滚动；装上铲斗销轴 A 和销轴 B；给销轴 A 和销轴 B 装上锁销和扣环；调整销轴 A 处的铲斗连接间隙；检查确认
2	调整铲斗		松开螺栓，推出压板和铲斗之间的全部调整垫片；把螺栓推向斗杆一侧，消除斗杆和凸盘之间的全部间隙；将凸盘推在斗杆上以增加间隙，用塞尺测量间隙，调整距离

3. 履带下垂量的检查与调整

序号	检查项目	图示	操作要求
1	履带下垂量的检查	A	在履带架中部测量从履带架到履带板底面间的距离
2	调松履带	1 2 1—阀　2—润滑脂嘴	用24 in长套筒扳手按逆时针方向缓慢地旋转阀，润滑脂将从润滑脂出口排出；转开阀1～1.5圈便足以放松履带；如果润滑脂不能顺利地排出，可把履带提离地面，并缓慢地回转履带；在获得适当的履带下垂量后，按顺时针方向把阀拧紧到147 N·m（15 kgf·m）
3	调紧履带		将润滑脂枪接在润滑脂嘴上，加入润滑脂，直到履带下垂量达到规定为止

复习思考题

1. 更换铲斗斗齿时应注意的事项是什么？
2. 调整铲斗时应注意的事项是什么？
3. 简述调整铲斗连接间隙的过程。
4. 简述履带松紧度的检查方法。
5. 简述履带下垂度的调整方法。

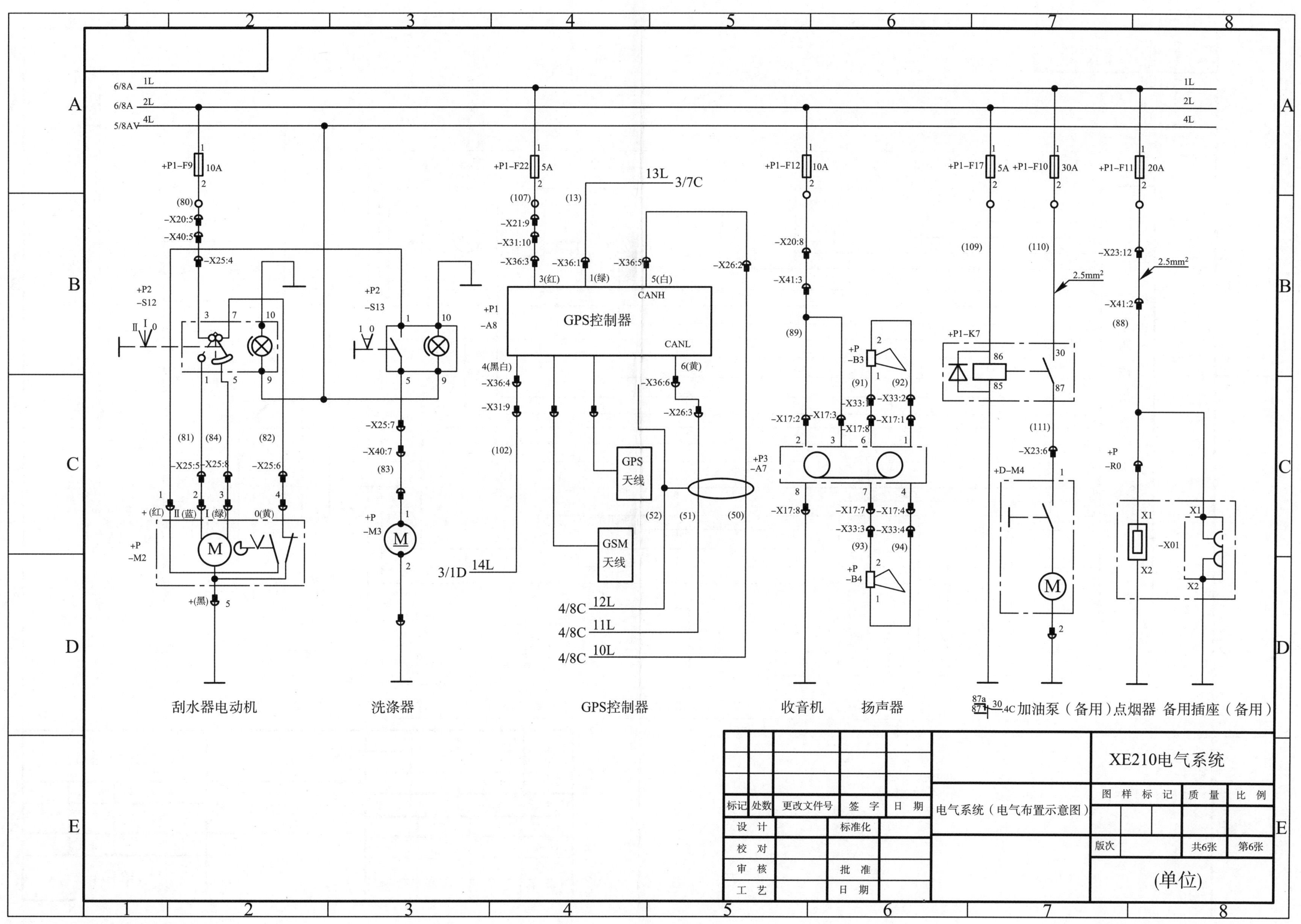

6/8A 1L
6/8A 2L
5/8AV 4L
+P1–F9 10A
+P1–F22 5A
+P1–F12 10A
+P1–F17 5A
+P1–F10 30A
+P1–F11 20A
13L 3/7C
GPS控制器
CANH
CANL
GPS
天线
GSM
天线
3/1D 14L
4/8C 12L
4/8C 11L
4/8C 10L
+P2
–S12
+P2
–S13
+P
–M2
+P
–M3
+P1
–A8
+P3
–A7
+P
–B3
+P
–B4
+P1–K7
+D–M4
+P
–R0
–X01
2.5mm²
刮水器电动机
洗涤器
GPS控制器
收音机
扬声器
加油泵（备用）点烟器 备用插座（备用）
XE210电气系统
标记
处数
更改文件号
签 字
日 期
设 计
标准化
校 对
审 核
批 准
工 艺
日 期
电气系统（电气布置示意图）
图 样 标 记
质 量
比 例
版次
共6张
第6张
(单位)

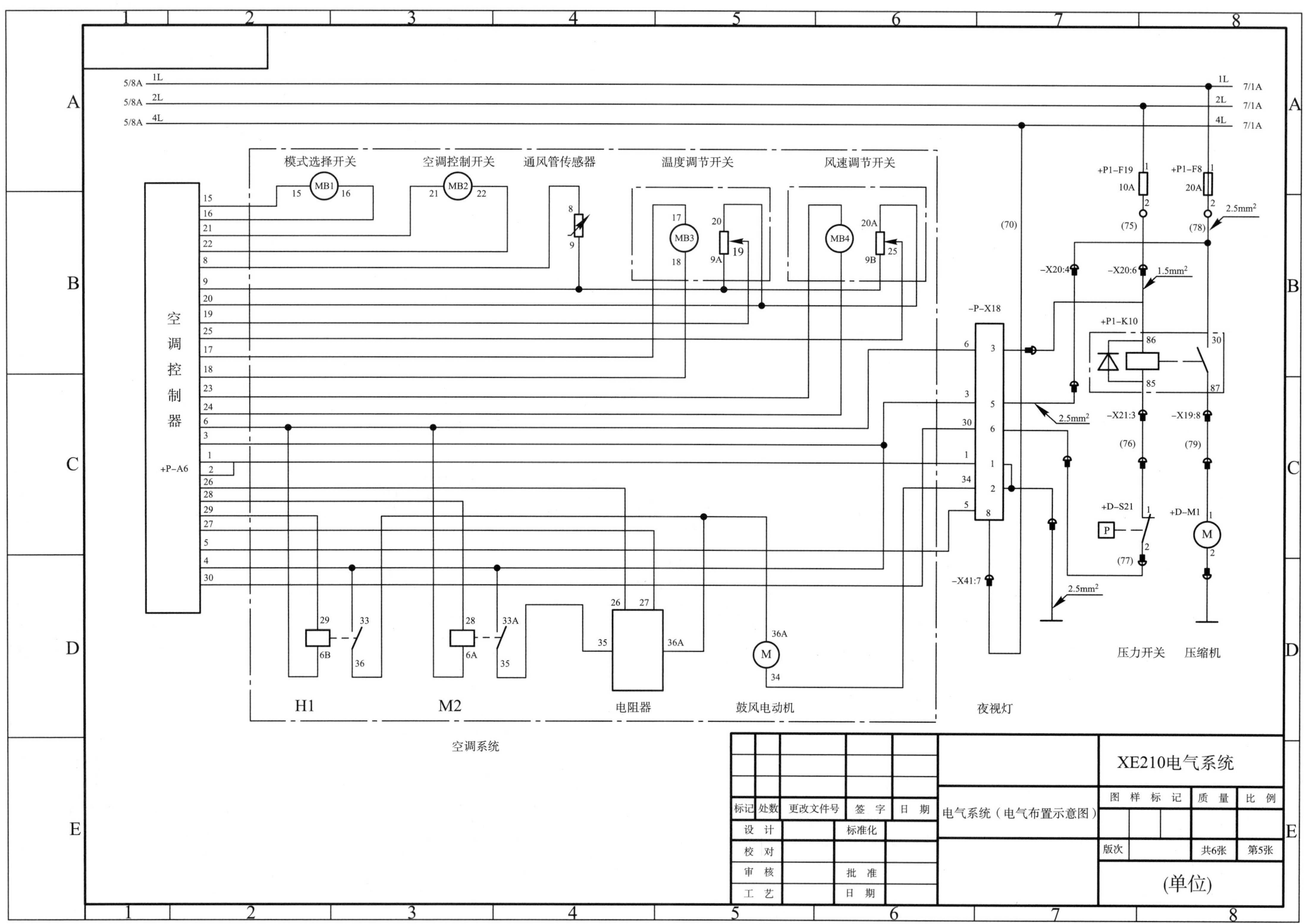

模式选择开关
空调控制开关
通风管传感器
温度调节开关
风速调节开关
空调控制器
+P-A6
H1
M2
电阻器
鼓风电动机
空调系统
夜视灯
压力开关
压缩机
-P-X18
+P1-F19
10A
+P1-F8
20A
+P1-K10
+D-S21
+D-M1
-X20:4
-X20:6
-X21:3
-X19:8
-X41:7
1.5mm²
2.5mm²
5/8A
1L
2L
4L
7/1A
XE210电气系统
电气系统（电气布置示意图）
标记
处数
更改文件号
签字
日期
设计
校对
审核
工艺
标准化
批准
日期
图样标记
质量
比例
版次
共6张
第5张
(单位)

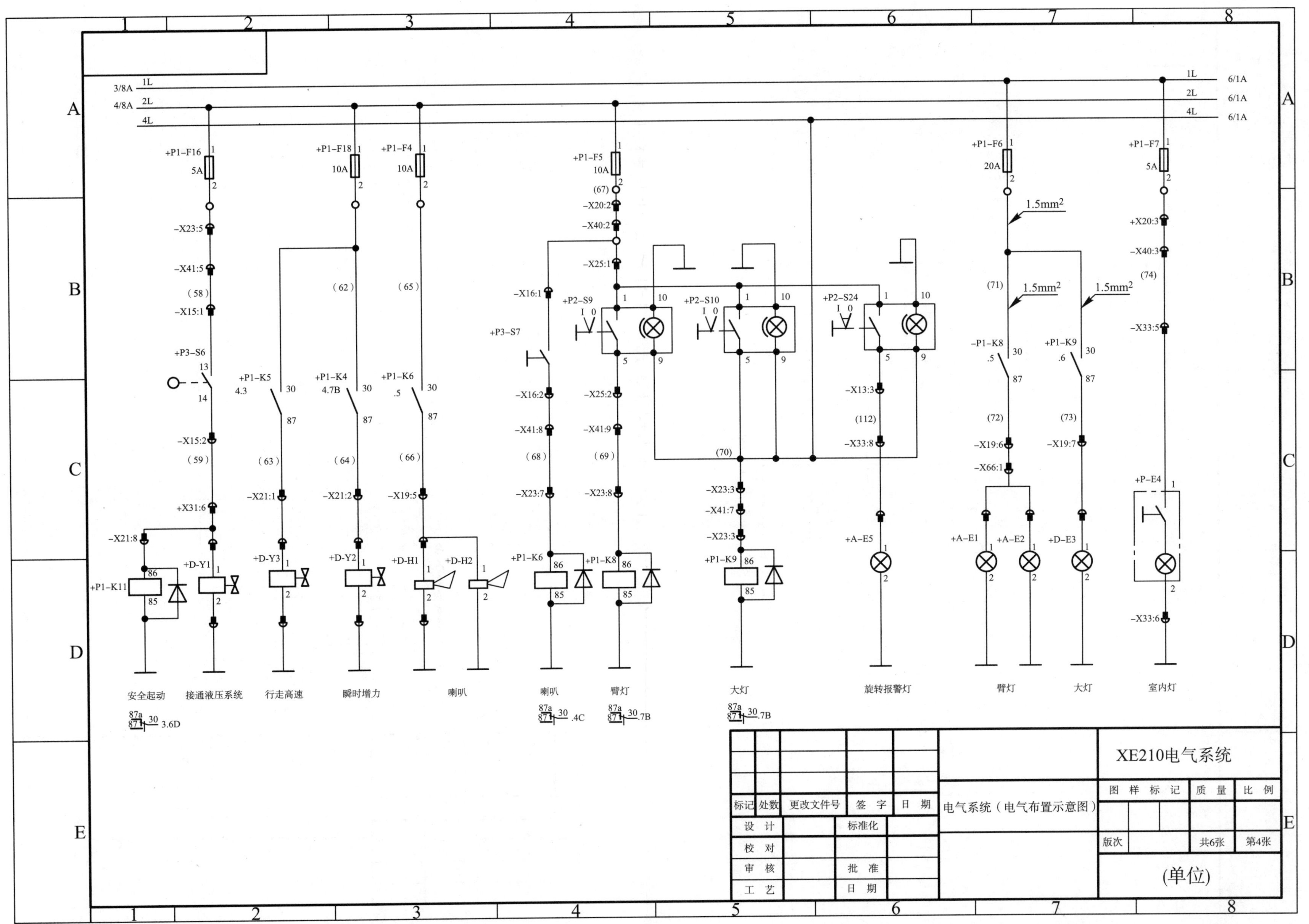

3/8A 1L
4/8A 2L
4L
6/1A
+P1-F16 5A
+P1-F18 10A
+P1-F4 10A
+P1-F5 10A
+P1-F6 20A
+P1-F7 5A
1.5mm2
-X23:5
-X41:5
(58)
-X15:1
+P3-S6
-X15:2
(59)
+X31:6
-X21:8
+P1-K11
+D-Y1
+P1-K5
+P1-K4
+P1-K6
(62)
(63)
(64)
(65)
(66)
-X21:1
-X21:2
-X19:5
+D-Y3
+D-Y2
+D-H1
+D-H2
(67)
-X20:2
-X40:2
-X25:1
-X16:1
+P3-S7
+P2-S9
+P2-S10
+P2-S24
-X16:2
-X41:8
(68)
-X23:7
-X25:2
-X41:9
(69)
-X23:8
+P1-K8
(70)
-X23:3
-X41:7
+P1-K9
-X13:3
(112)
-X33:8
+A-E5
(71)
-P1-K8
(72)
-X19:6
-X66:1
+A-E1
+A-E2
+P1-K9
(73)
-X19:7
+D-E3
+X20:3
-X40:3
(74)
-X33:5
+P-E4
-X33:6
安全起动
接通液压系统
行走高速
瞬时增力
喇叭
喇叭
臂灯
大灯
旋转报警灯
臂灯
大灯
室内灯
3.6D
.4C
.7B
.7B
XE210电气系统
标记 处数 更改文件号 签 字 日 期
设 计
校 对
审 核
工 艺
标准化
批 准
日 期
电气系统（电气布置示意图）
图 样 标 记
质 量
比 例
版次
共6张
第4张
(单位)

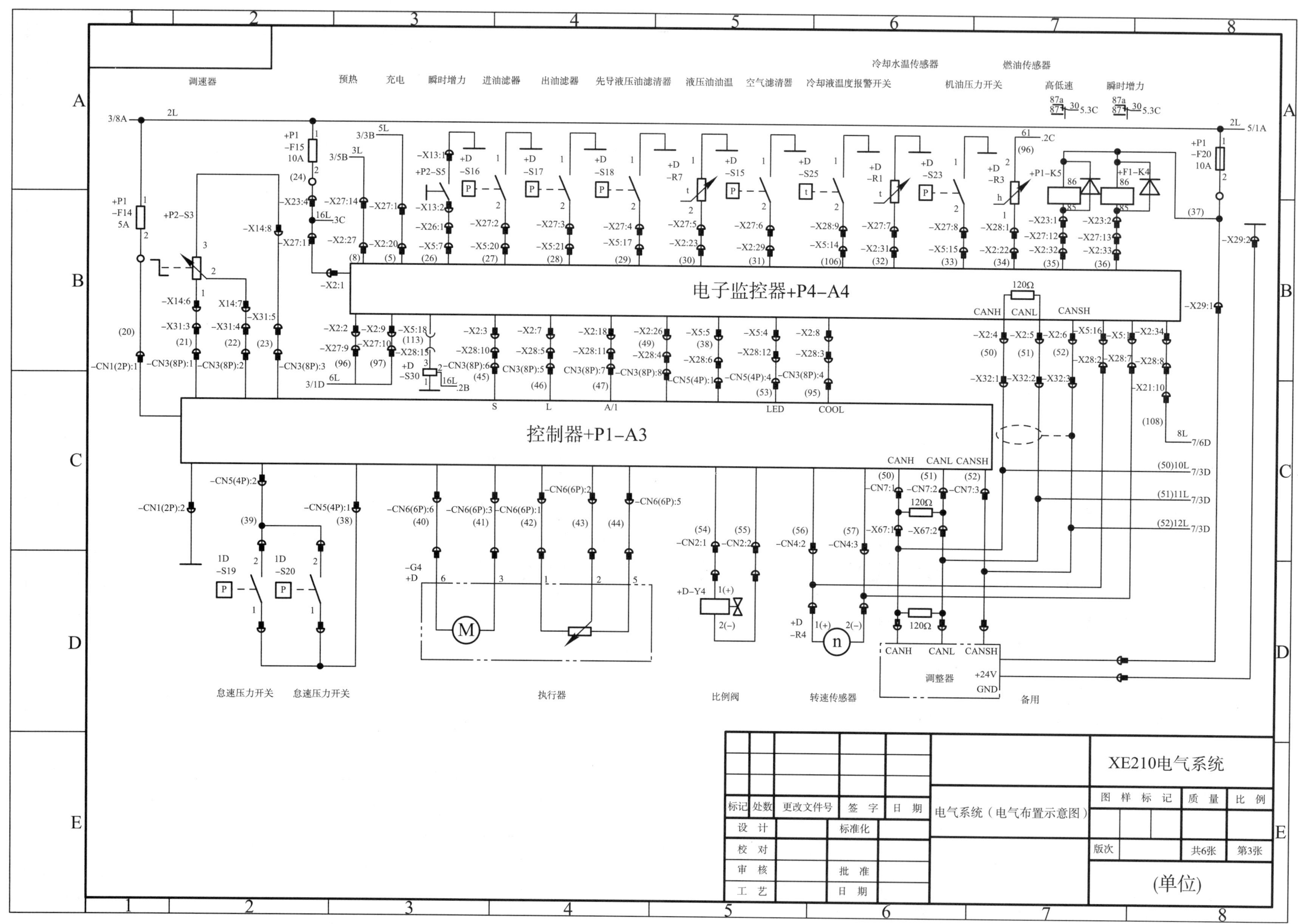

调速器
预热
充电
瞬时增力
进油滤器
出油滤器
先导液压油滤清器
液压油油温
空气滤清器
冷却水温传感器
冷却液温度报警开关
燃油传感器
机油压力开关
高低速
瞬时增力
电子监控器+P4–A4
控制器+P1–A3
怠速压力开关
怠速压力开关
执行器
比例阀
转速传感器
调整器
备用
XE210电气系统
电气系统（电气布置示意图）
标记
处数
更改文件号
签 字
日 期
设 计
标准化
校 对
审 核
批 准
工 艺
日 期
图 样 标 记
质 量
比 例
版次
共6张
第3张
(单位)

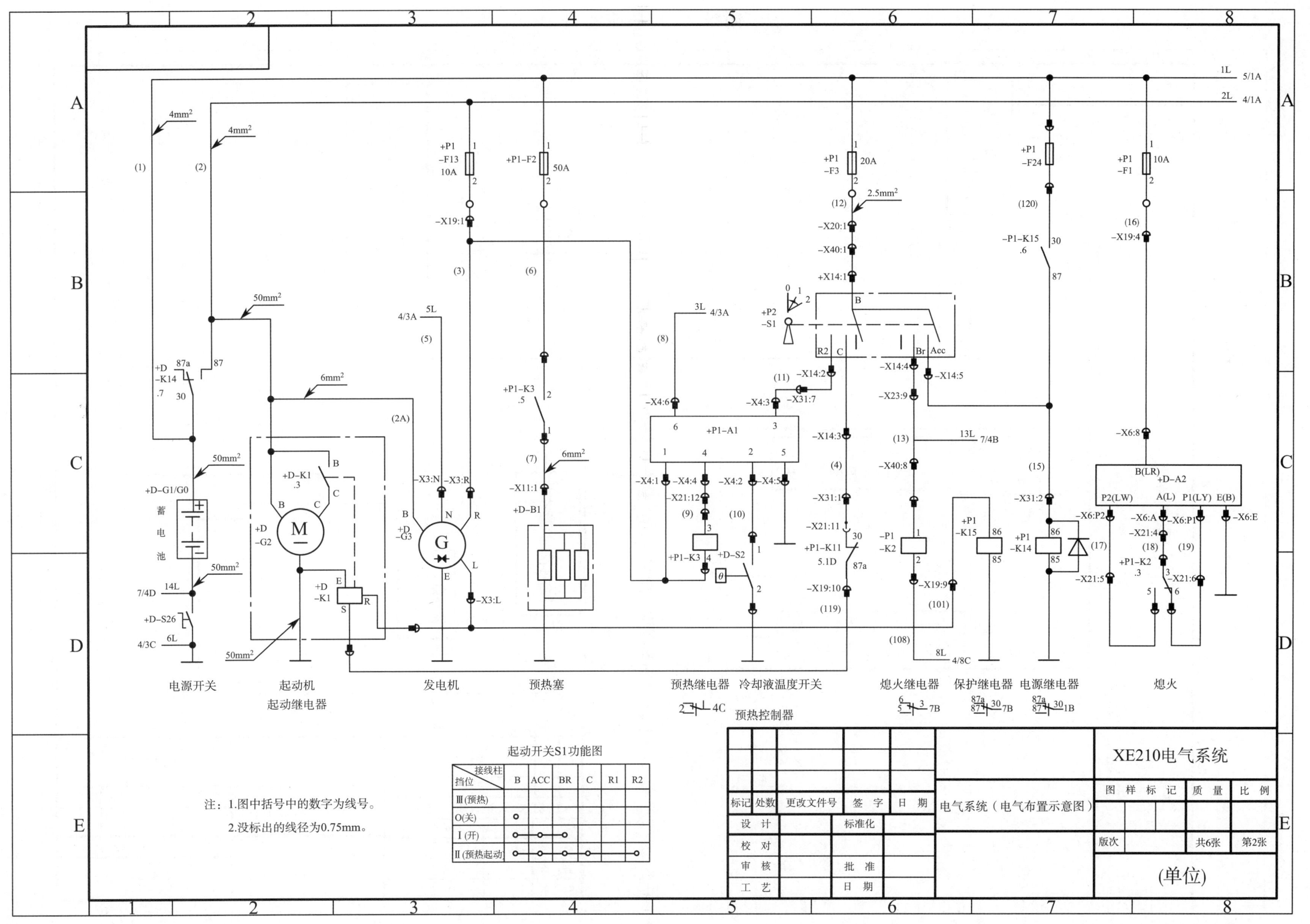

起动开关S1功能图

挡位 \ 接线柱	B	ACC	BR	C	R1	R2
Ⅲ(预热)						
O(关)	○					
Ⅰ(开)	○	○	○			
Ⅱ(预热起动)	○	○	○	○		○

附录 2 电气原理图

右工作灯+D-E3
加油泵+D-M4
臂灯+A-E1、E2
喇叭+D-H1、H2
+D
–Y1 –Y2 –Y3 –R3 –S20
–R7 –S16 –S17 –S19
油门执行器+D
–G4 –Y4 –Y5 –S18 –A2
发动机 +D
–R4 –G2 –G3 –S23 –S25
–B1 –S2 –M1 –R1
电子监控器+P4
–X2 –X5
右扶手箱体+P2
–X13 –X14 –X25
GPS –A8
控制箱总成+P1
+D
–S15 –M3
+D
–S21 –S26 –G1/G0
–X16 –X17 –X15 –A6
左扶手箱体+P3
后置箱盖+P
-R0
驾驶室+P
标记 处数 更改文件号 签 字 日 期
设 计 标准化
校 对
审 核 批 准
工 艺 日 期
电气系统（电气布置示意图）
XE210电气系统
图 样 标 记 质 量 比 例
版次 共6张 第1张
(单位)

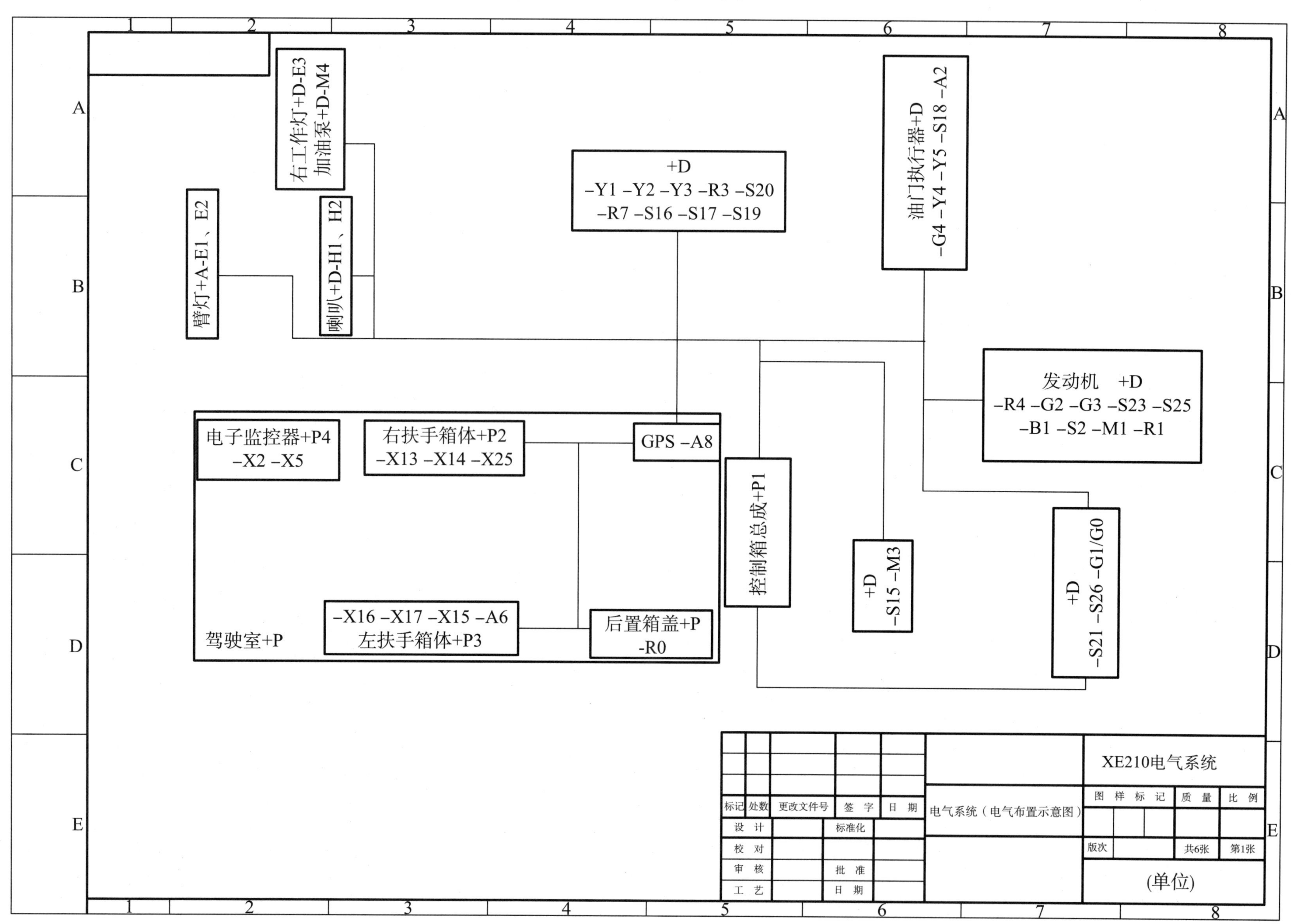

附录 1　液压原理图

回转
斗杆缸
动臂缸
铲斗缸
右行走
左行走
左P1进顺-前进
右P1进顺-后退
31.5/34.3MПα
2.5bar
4.5bar
0.2MPo
10μm
100μm
0.02MPo
XE210液压原理图
液压系统（原理图）
标记
处数
更改文件号
签字
日期
设计
标准化
校对
审核
批准
工艺
日期
图样标记
质量
比例
1:1
版次
1
共2张
第1张
右行走
前进
后退
左行走
斗杆
外摆
内收
右回转
左回转
回转
XAoS
(回转优先)
动臂
上升
下降
(大腔解锁，使动臂大腔回油)
(切断FL油路，使铲斗合流)
外翻
铲斗

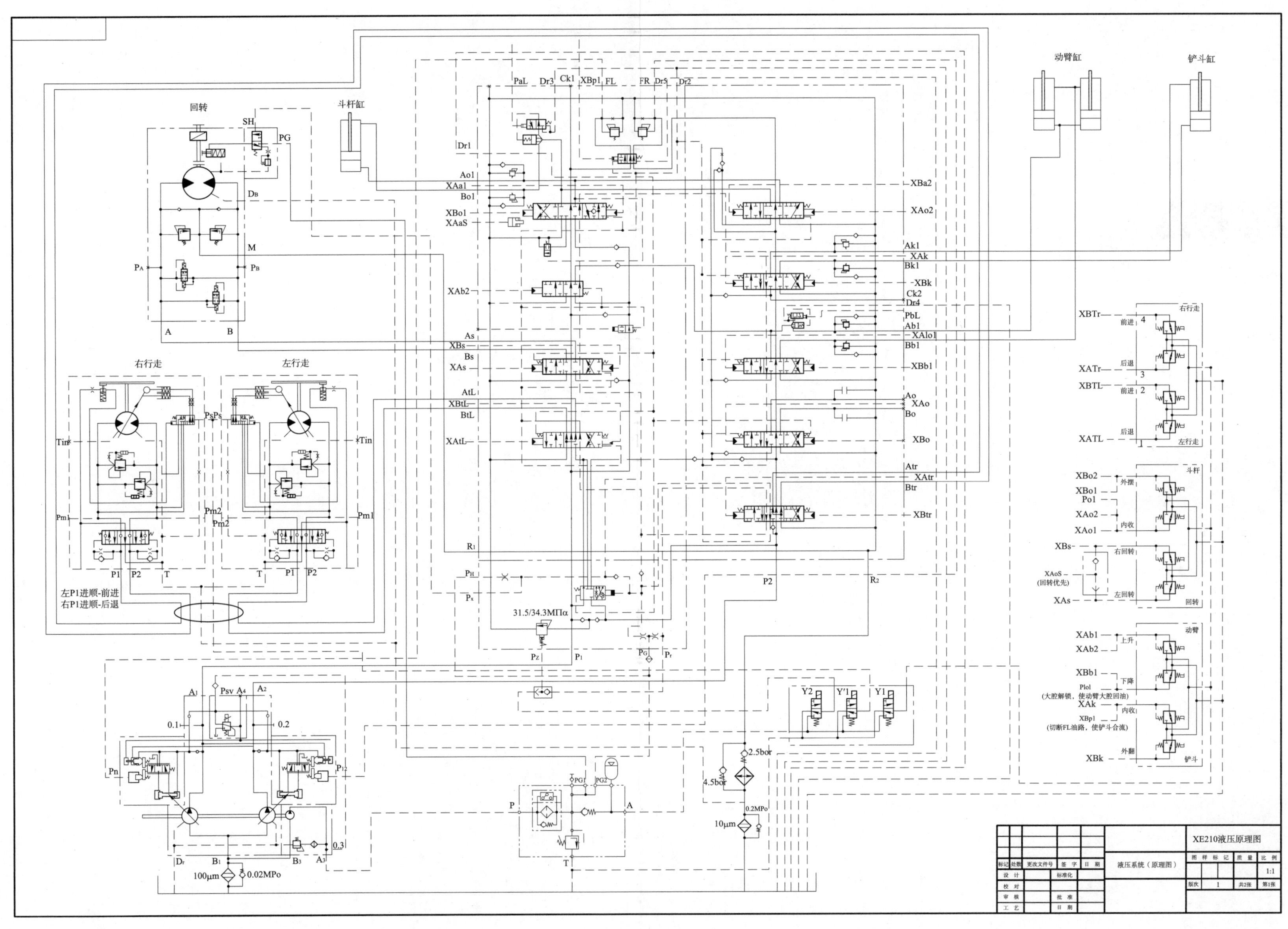

附录